心若幽兰远
身如薄荷清

严敬超 编著

If the heart
orchid,
the body like
Bo Heqing

你筑了爱巢，有了职业，
你的浪漫已经褪色，你的幻想开始萎缩。
这并不是影响你扩展自我浪漫和幻想的空间。

煤炭工业出版社
·北京·

图书在版编目（CIP）数据

心若幽兰远，身如薄荷清/严敬超编著．－－北京：
煤炭工业出版社，2018（2022.1 重印）
ISBN 978－7－5020－6482－2

Ⅰ．①心…　Ⅱ．①严…　Ⅲ．①女性—成功心理—通俗
读物　Ⅳ．①B848.4－49

中国版本图书馆 CIP 数据核字（2018）第 017379 号

心若幽兰远　身如薄荷清

编　　著	严敬超
责任编辑	马明仁
编　　辑	郭浩亮
封面设计	浩　天

出版发行　煤炭工业出版社（北京市朝阳区芍药居 35 号　100029）
电　　话　010－84657898（总编室）
　　　　　　010－64018321（发行部）　010－84657880（读者服务部）
电子信箱　cciph612@126.com
网　　址　www.cciph.com.cn
印　　刷　三河市众誉天成印务有限公司
经　　销　全国新华书店

开　　本　880mm×1230mm$^1/_{32}$　**印张**　$7^1/_2$　**字数**　150 千字
版　　次　2018 年 1 月第 1 版　2022 年 1 月第 4 次印刷
社内编号　9362　　　　　　　　　　**定价**　38.80 元

　　当掠过树梢的风不再惊起心中的涟漪，这时的女人已不再年轻。

　　虽说不同年龄段的女人总有其独特的魅力：20岁，如晨曦般纯情，灵动清澈；30岁，似彩霞般绚烂，多情炙热；40岁，像夜空般静谧，恬淡优雅……然而，当女人不再年轻时，难免会满怀苦衷，心生愁绪：

　　愁红颜褪色，两鬓染霜，没有了曾经引以为傲的街头回眸，没有了绿叶捧红花的娇宠；

　　忧身体染疾，健康衰退，不得不忍受病痛的折磨，不得不把生命流逝于困苦；

　　恐夫妻疏离，家庭不睦，快乐与幸福渐行渐远，以至夜阑人静时，只剩下孤独与己相伴；

　　虑技艺落伍，职场受挫，失去了展现才能的工作机会，也失去了养家糊口的经济来源；

　　……

　　本书的作者也是一位不再年轻的女性，对同龄女性深切的苦恼和缠绕的愁绪颇为关注，为此奉献千言万语，其中有对您身心健康与美丽的忠告，如闺房挚友，娓娓细语，提醒您该如何养颜、塑身、强体、养心；有对婚姻的建议，如航标灯塔，指引您绕过潜伏的礁石，成功地将婚姻之舟驶向幸福的彼岸；有对职业的指导，如成功之手，带领您纵横职场，做令人羡慕、常开不败的职场玫瑰……

　　如果您是一位女性，请认真研读本书，进而身体力行，定能获益匪浅！即使自己不再年轻，也依然可以活得美丽、健康、快乐、自信、精彩！

　　如果您是一位男性，请把本书送给你所爱的人，让她携着美丽、健康、快乐、自信，和您一起牵手走到幸福人生的终点！

目 录

|第二章|

幸福就藏在你背后

|第三章|

你的人生，比你想象的更美

|第四章|

别让心底的梦想搁浅在路上

|第五章|

心中有爱，容颜不老

|第六章|

别错过身边的美好

第一章

心若向暖，
生活就是花开的模样

放下包袱，给心灵解压

"有生活，就有烦恼。"女人为什么会感觉到累，是因为她们的心累。来自工作、家庭的压力让她们喘不过气来，究其原因，是因为女性的心理因素占很大成分。事事追求完美的心态，对爱情、家庭、事业抱有太多的理想，当这些一遇到变幻莫测的社会现实，就会像空中楼阁、海市蜃楼一样虚无。因此，要学会调整自己的心态，理清情绪，用适当的方法给心灵解压，这样，一切的烦恼都会被请出你的脑海。生活在你的眼中，也会有另一番崭新的面貌。给心灵解压，从现在开始：

1. 对人对己不要要求过高

对丈夫要求不要太高，一方面希望他能够抽出多的时间陪你，给你精神抚慰；另一方面又希望他能为家庭提供生存保障。人无完人，不要让这种求全心理影响夫妻关系。同时，对自己要求也不要过高，整天考虑自己的工作、体重，还有每个家庭成员的健康，如此，哪里还有时间去做其他事情，这也是导致身心疲惫的原因。

2．一次做一件事情，并且集中精力去做

工作和生活分开，工作时就认真工作，把其他的事情一概抛在脑后。同时，也要做到劳逸结合，在工作间隙可以抽出一刻钟放松一下，散散步和伸伸懒腰。享受生活时就彻底地放松，不再想工作中的事情。

3．担忧之心不可有，不要处处谨小慎微

在这里，提倡"我行我素"的作风，遇到什么事情都担心，前怕狼后怕虎，最后只会让自己陷入担心的汪洋大海之中，无法自救。不妨把这些担忧记在日记里，或与朋友一起谈一谈，就不会感到孤独和无助。

4．身体是革命的本钱，忙碌之余，不忘锻炼

锻炼是最好的减压方式之一，研究人员发现，锻炼后的人压力水平下降了25%。如今的锻炼方式有许多，可以选择去健身房，或者在楼下小区慢跑散步或做一些伸展练习都行。

5．要有一两个闺中密友

有许多的女人并不喜欢交同性的朋友，其实在你不顺心的时候找个知心女友倾诉一番，你的压力与烦恼就会减少许多。

6．学会放下，懂得付出

脆弱的女人为情烦，虚荣的女人为利恼，情感与名利都是身外之物，有得必有失。对于浮华之事，不如放开胸怀，少去索取，多去付出，你的内心就不会焦躁烦闷。烦恼是心灵的垃圾，是成功的绊脚石，是快乐生活的病瘤。人的压力也源于烦恼，不要庸人自扰，将烦恼放下，就会收获快乐，能放下的女人是幸福的。

学会给心灵解压，是高情商的一大表现。尽量做到思想开朗，心胸开阔，谦虚处世，宽厚待人。这样，不仅有益于身心健康，也利于提高道德修养和思想水平，对人对己百利无害。正如诗人泰戈尔所说："世界上的事情最好是一笑了之，不必用眼泪去冲洗。"

完美掌控自己的情绪

　　女人虽然是"情感动物"，但她却不是情绪的奴隶，女人的心灵不应该被消极情绪所控制。当女人能够完美掌控自己的情绪时，便是她拥有幸福之时。在这里，向女性朋友介绍几条操控情绪的法则：

　　1. 用八分心去追求完美

　　当你对自己的要求过高、对事事苛求完美时，一旦没有达到，你就会产生紧张、负面的态度或是觉得快要失去控制了，此时，请你马上停止。永无止境地追求完美，只会让你的焦虑情绪有增无减。所以，你要用八分心去追求完美。

　　2. 不过分地迎合他人

　　你要去见自己比较心仪的人，在前一天晚上你就失眠了，开始担心、焦虑、怕自己有失控的情绪，请你停止取悦他人吧！如果为了取悦、迎合他人而失去了自己的愉悦，是很不值得的。因为，以后与他在一起的时候，你感觉不开心的话，即使令你心仪，你还会长期过这种生活吗？把你最自然的一面展示给他，合则来，不合则分。

3. 被人看到你的脆弱又如何

连男人也有脆弱的时候，何况是女人。当有一些负面情绪出现时，不必刻意去掩饰，假装坚强。对于太多的责任与压力，感觉自己并不能应付，你不要将这份痛苦默默地隐藏于心，你大可以放下一些责任，或者选择少做一些，这样做，并不会减损你个人的能力。

4. 心动不如快行动

当你决定去做某事时，就要立即采取行动。在行动的过程中，会遇到困难，这时，你要坚定信念，千万不要被这些困难吓倒，更不要向它妥协，如果轻易地就选择退缩，你心里不会感觉很舒服，相反会很不愉快。所以，心动不如快行动，且行动的步伐要坚定。

5. 以不同方式对付压力

当感觉自己的压力大无力应付时，不妨将手中的事情放下。去外面散散步，到郊外走走，到深山大川散散心，极目绿野，回归自然，荡涤心中的烦恼，清理一下混乱的思绪，使疲惫的心灵得到净化，找回失去的理智与信心。

听听音乐，唱唱歌。一段悠扬的旋律，可以引发你对过去的美好回忆，对未来的无限憧憬。

读一本书。徜徉于书的海洋中，将往日的忧愁悲伤通通扫去，让你的视野更加开阔。

看一部电影，购一件漂亮的衣服，不知不觉中，就会让你的心不再是情绪的垃圾场，这时，你会发现，被情绪所左右，真是人生一大憾事。

拿破仑说："自制是一个人最难得的美德，成功的最大敌人是对自己的情绪失去有效的控制。当愤怒时，无法遏制怒火，使周围的合作者畏惧不已，只好敬而远之；当消沉时，放任自己萎靡不振，让稍纵即逝的机会白白浪费。"

虽然你还是那个不完美的你，一些不愉快的事情也会发生，但你却不会再做悲伤、愤怒、嫉妒、怀恨的奴隶。

做操控自己情绪的主人，你便是个拥有幸福的女人！

关于幸福，你的观点是什么

女人，你幸福吗？是的，我很幸福。那么在女人的心中，什么是她们的幸福？

1. 女人心中的幸福是这样的

女人的幸福就在为人女、为人妻、为人母角色的转换过程中。

幸福的含义及体验可谓是众说纷纭、五彩缤纷且各人的体验也是不尽相同。

我以为幸福的确是一种感觉。一个人只要拥有一颗善良、平和而宽容的心去看待周边的世界，就会发现幸福无处不在。而舍得成全他人又何尝不是一种幸福呢！

幸福和金钱没有关系，和爱人才有最大关系，它会直接让你觉得快乐或是不快乐。

幸福，是每逢长假时可以带着女儿去游览名山大川，呼吸山间新鲜的空气，是与老公手牵手在街上闲逛，是永远像小时候那样在父母身边尽情地撒娇。

幸福，是好心情的一面镜子。心情好，可以体会到天蓝、草绿、风轻，此时就觉得幸福；心情不好，蓝天绿草轻风又与我何干呢？所以，幸福的感觉并不是物质的，而是精神的！

幸福，是健康地活着，是快乐地活着，同时也能给别人带去快乐。它也是所有家庭成员的健康，家庭的安乐平和。当你拥有健康，就可以去做自己想要做的事情。

幸福，来自平凡，是每天都感到实在并快乐地生活。是物质与精神上都能得到满足，在这个世界上，无论何时何地，即便是身处困境，你都觉得心中充满了希望。

幸福，是不论钱多钱少，两个人相亲相爱，互相体贴、关心并有共同的目标。

幸福，是每天一睁开眼睛，就能看到心爱的人的笑脸；是努力工作时，上司那一抹欣赏的眼神；是回家依偎在父母身边看电视；是天天有时间做白日梦，和他一起规划美好的未来。其实，获得它很简单！

2. 女人心中的不幸福是这样的

当老公有了外遇时，女人感觉不幸福。

当有一天发现丈夫骗了自己，即使他对自己再好，女人依旧不觉得幸福。

当女人感觉自己不受欢迎时，并且不能被他人理解时，感觉孤立无援时，女人感觉自己不幸福。

当感觉自己活得很累时，并且对经营婚姻感觉到渺茫无望时，女人感觉不幸福。

当工作上遇到不如意的事情时，女人感觉不幸福。

当在单位工作压力很大时，受到领导的批评时，当刚生完宝宝，且一边要自己来带孩子一边又要把工作做好，还有繁重的家务要做时，女人感觉自己不幸福。

去外地打工，没有当地户口，应该得到的年终奖金又被老板打了折。工作上一直十分努力、做得很好，但是却不被别人认可，只因为一次小小的失误。自己不想做第三者，更不想破坏别人的家庭，然而却恰恰爱上一个已婚的男人。节假日从来没有休息过。女人感觉不幸福。

当生病时，女人感觉不幸福。

为没钱买房而打拼发愁时，女人感觉不幸福。

　　不被老公疼爱，女人感觉不幸福。

　　事业与家庭的双重失败，女人感觉幸福对于自己而言是海市蜃楼，是可望而不可即的遥远。

认识情绪的重要性

情绪是一种情感，是对需要是否得到满足而产生的态度体验。人的情绪种类很多，有积极的也有消极的。在这里，着重介绍几点消极的情绪，因为在现实生活之中，许多女性普遍存在着一些负面的情绪。而要克服这些消极情绪，首先要能发现它，然后再研究分析它，最后再将其逐个攻破。

1. 嫉妒

如果一个人的心中产生了嫉妒情绪，他的心中就充满了恶意、中伤，他的心地也从此变得阴暗。试想，一个人的心中被仇恨、怨恨所填满，还有什么时间去做其他事情。每天，他只会说一些风凉话或对他人的成功进行诋毁，这种人不能选择光明磊落地做事情，只会把时间和精力浪费在一些没有意义的事情上。其实，他们这样做，最直接的受害者不是他人，而是自己。因为他们距离成功越来越遥远。

如何克服：

对于心里偶有妒嫉的人，不妨把时间与精力放在人生的积极进取上。首先，给自己设定一个明确的目标；其次，全身心地投入其中；再次，把对别人的嫉妒转化为对他人的欣赏，并且向他学习，以弥补自身的不足；最后，坚定自己的信念，做到持之以恒。

2．恐惧

人产生恐惧的心理，是由于不自信、自卑心理占主导地位。恐惧的行为表现为退缩、躲避与逃跑。有过失败的经历或者遇到过可怕的事情很可能会使人对一切事物都产生恐惧的心理。这种心理直接影响到生活，让人对一切事物都心存焦虑，这种情绪比恐惧还要糟糕。一个人如果长期被这种情绪左右，很容易患上恐惧症。

如何克服：

如果你的情绪已经开始让你困惑，甚至产生失控感，那么请你辨识、了解并且疏导这种情绪将会对你有所帮助。你可以将情绪转移，想想过去一些愉快的记忆，那些曾经令你高兴和自豪的事，那些获得成功时才有的愉快、满足的体验。

3．愤怒

愤怒可以使人失去理智。一个容易愤怒的人，一定不是优秀成功的人。因为一个成功的人，是凭借自己的信心、坚强的信念、顽强的毅力、谦虚谨慎的作风来完成的，而不是靠一时之勇，凭血气方刚，冲动做事来完成的。

如何克服：

当你要展现血气方刚时，不如将意识或话题转移，把注意力放到其他事情上，这样可以有效地缓解冲动的情绪。可以通过听音乐、看电影、下棋等轻松的活动，让紧张的情绪得到放松。

4．抑郁

它是一个人成功路上的拦路虎，这是一道无形的网，会把一个人的思想与行动都牢牢套住。

如何克服：

首先，做事前，考虑到最坏的结果；其次，直面它，用多种方法认真地去做事；最后，告诉自己说："不管明天会怎么糟，我已经过了今天。"

女人要把握阳光般的好心态

一位哲人说："心态是你真正的主人。"

有一位老妇人，她有两个儿子，老大是卖伞的，老二是染布的。当天空下雨时她就为老二难过，当天空晴朗时她就为老大难过。一位智者对她说："当天空下雨时，你就为老大开心；当天空晴朗时，你就为老二开心。"从此，老妇人每天都很开心。转变了心态，就会获得快乐与幸福。因为心态体现为一种意识和潜意识，它具有操纵人类命运的巨大能力，这种能力也毫不例外地在每一个女人身上体现着。

一位职业女性，因为自己的鼻子有一些缺陷，所以一直没有勇气对自己心仪的男士表白。她的内心为此充满了痛苦与焦虑，无法真正表达自己的感觉是一件很痛苦的事情，她痛定思痛，最后，下定决心去做整容手术。手术进行得很成功，她往日的缺陷消失了，脸上光彩靓丽，一扫过去灰暗的形象。这使得她受到许多男士的瞩目，她鼓足勇气去向心仪的男子表白。

婚后，她告诉丈夫她曾去做过整容手术，然而令人感到惊讶的是，她的丈夫根本就不在意她做过手术，根本就没把这当作一回事。她继续追问："那你为什么在我动手术之后才来和我交往呢？"丈夫给她的答案是："因为我感觉你变得比以前开朗了，而且很容易让人亲近，非常惹人喜欢。"在这个故事之中，女主角一直认为是自己鼻子长得不好，所以才交不到男友，可是事实并非如此，别人根本就没有注意到她鼻子的缺陷。所以，人的心态至关重要。你自以为是问题的地方，对别人而言可能根本就不是问题。与其为一些无谓的心理障碍伤脑筋，不如积极地去表现自己，展现自己健康开朗的一面，这才是明智的做法。

一位悲剧大师曾说："人活着就是痛苦的。"现实生活之中，也有不少人有着这样的观点。她们用悲观的心去思考问题，用沮丧的眼睛去看待世界，更有甚者把生活看成是痛苦的炼狱。当一个人想着幸福时，她很可能就会获得幸福；当她想着不幸时，她很可能就会不幸。同样，当一个人期望的多，她获得的也多；当她期望的少，她获得的也少。一个能够自我调节心态的人会创造幸福，一个不自觉地让自己产生不幸的人会招至不幸。其实，一个幸福的女人，她从不把自己与悲剧联系在一起，她会用心地去品味生活中的点点滴滴，苦辣酸甜。她坚信，只要快乐地活着，把握阳光般的好心态，就能够拥有幸福的生活，也能够活出人生的精彩。

做一个知足的女人

从前，有一个厨子，他一边工作一边唱歌，脸上洋溢着幸福和快乐。

一位富商问他为什么如此快乐。他答道："虽然我只是个厨子，但是我一直尽我所能地让妻小快乐，我们不需要很多。有屋住，有饭吃，有妻儿做我的精神支柱，这让我很满足。"

一天，厨子在回家的路上捡到了一个布包，打开一看，里面有许多金币，他欣喜若狂地跑回家。到家后，他数了一遍又一遍，有99枚。这时，他有些纳闷：应该是一百呀！那一枚金币哪里去了？他开始四处寻找，直到找得筋疲力尽。

第二天，他加倍努力地工作，想尽早挣回一枚金币，以使他的财富达到100枚金币。

由于晚上找金币，白天又要工作，他感觉很累，以至于脾气变得急躁，情绪坏到了极点，还时常对家人大吼大叫。

他不再像往日那样兴高采烈，工作时不哼小曲了，一味地埋头干活儿。令富商不解的是，本想给他金币会让他更加快乐，没想到他反不如从前快乐了。这是什么原因呢？

后来一位智者解答了他的疑惑："尽管他拥有很多，但是却从来不会满足，他努力拼命地工作，为了额外的那个'1'，尽快实现'100'。"原来有许多值得高兴和满足的事情，因为要凑足100，一切都被打破了，他竭力去追求那个并无实质意义的"1"，不惜付出失去快乐的代价。

通过这个故事，大家一定领悟到了何为知足。知足的最大敌人就是贪心。凡间俗人，必有七情六欲，人类不消亡，欲望无止境。知足常乐说来简单做却难。在这个物欲横流、追名逐利的社会，又有几人能看透红尘、悟得天经？

生活中，总有一些爱苦恼的女人，看到别人比自己漂亮、有帅气的老公、住好房、开名车就开始长吁短叹，整日苦着一张脸，闷闷不乐。这类人的可悲之处，就在于她永不知足。她没有看到自己所拥有的健康的身体、和睦的家庭、安定的工作、知心的朋友，等等。人，不应该去强求那些不属于自己的东西，有时得不到也是一种缺憾美。生活带给我们许多欢笑和快乐，应该感激生活。

"事能知足心常泰，人到无求品自高"，的确，知足就如每个人心里都有一亩田，不用思索去耕耘，不用信念去灌溉，你的心里便是飞土如烟的沙漠。知者，智也。对任何事情，持一个通达、明智的态度，凡事以大局为重，以宽阔的胸襟接纳，对个人的名利与得失泰然处之，便真正拥有了一颗知足的心，进入了"淡泊明志，宁静致远"的空灵世界。

做一个知足的女人需要勇气，需要耐性，更需要智慧。每一个懂得知足的女人，都可以把平淡的生活过得丰富多彩，都可以找到隐藏在细节中的美好与快乐。

别被完美心态左右

世界上没有绝对完美的事物，也没有一个绝对完美的女人，所谓的完美不过是一些虚幻的想象而已。因此，女人在面对自身的不足时要泰然处之，多一分满足，多一分自信，才不会被完美主义的心态所左右。

有些女人总是不停地苛责自己，原因就是她们始终怀有完美主义的心态，在潜意识里一直不懈地追求着完美。如：对自己的言谈举止要求时刻保持高雅而优美，遇到发言时就拼命克制自己的紧张，她们要求自己要把工作做到最好，可事实上却经常是累得疲惫不堪，工作却未必如想象的那般好……

对于女人怀有完美主义心态，追求尽善尽美这类的事情是无可厚非的，但是这种对完美的追求也是一个沉重的包袱，在现代社会的多方面压力下，它让完美主义者看到自己对现实的无能为力，从而变得急躁、自卑甚至急功近利。

有句谚语说得好："世上没有不生杂草的花园。"阿拉伯人说得风趣："月亮的脸上也是有雀斑的。"说到底，金无足赤，人无完人。比如，就人的外表美来说，究竟高大是美还是纤巧为美？大眼睛美还是丹凤眼美？嘴大美还是嘴小美？丰满美还是苗条美？这很难说得清楚。

因此，女人一定要放下心头完美的负担，尤其是在面对自身的不足时要泰然处之，多一分满足，多一分自信，才不会被完美主义的心态所累。

1. 承认自己的不完美

对自己严格要求，追求尽善尽美也是理所当然的，但是人生绝不可能真正完美，一帆风顺。遇到挫折和处于低谷时，切不可自暴自弃，而应该学会换个角度看问题，正因为生活中有让你感到沮丧、绝望的问题，你才会付出更多努力，才更懂得珍惜所得到的。如果真的能够万事如意，心想事成，那你的生活还有什么激情，你还会幸福吗？

2. 不要过分苛求自己

有些人把自己的人生目标定得太高，根本实现不了，于是终日抑郁寡欢，这实际上是自寻烦恼；有些人对自己所做的事情要求十全十美，有时近乎苛刻，往往因为小小的瑕疵而自责，结果受害者还是自己。

为了避免挫败感，应该给自己定一个"跳一跳，能够着"的目标，不要太在意别人对自己的评价，懂得欣赏自己已取得的成就，心情就会自然舒畅。

3. 对旁人期望不要过高

完美主义心态不仅使完美主义者本人觉得痛苦，更糟糕的是这种心态也会影响周围的人。例如，一位具有完美主义心态的主管，可能会对下属也有同样的高标准与期待，搞得办公室里紧张兮兮；或是有完美主义心态的父母对于孩子有超乎常人的标准与要求，使孩子有了自卑心理，自闭倾向；抑或具有完美主义心态的妻子，要求丈夫尽善尽美，既要能力超群，能适应公司CEO到管道修理工的所有工作，又温柔体贴，照顾自己每时每刻的情绪变化，这样的丈夫常常觉得无所适从，怎样也不能令对方满意，这就埋下了双方矛盾的种子。

上司期望下属积极上进，妻子盼望丈夫飞黄腾达，父母希望儿女成龙成凤，这似乎是人之常情。然而，当对方不能满足自己的期望时，便大失所望。其实，每个人都有自己的道路，何必要求别人迎合自己。

4. 不要处处争第一

在生活待遇和享乐上，千万别去争第一，否则会很痛苦和很不幸。俗话说："人比人气死人。"再者，每个人的能力也是有大有小的。时时处处争第一的思想和行为是可怕的，也是十分愚蠢的，在某种程度上可能是一种自欺欺人的把戏。这样的思想多了，人就十分疲劳了，烦恼就会没完没了，快乐和幸福肯定离自己很远，那么你何时才能有好心情呢？

尽心就是完美。因此，一定要正确处理好努力与争第一的辩证关系，及时缓解争第一的心理压力，自己只要尽心努力就够了，不一定非要时时去争第一。

5. 不要让自己的完美主义倾向变成负担

每个人或多或少都有一些完美主义倾向，其实并不需要太过担心。应该看到完美主义者具有众多优点，比如，严格自律、意志坚定、仔细周到、组织性强，这些优点只要发挥得当，不要只重细节而忘了主要目标，完美主义者绝对是一个训练有素的出色的员工，应有足够的信心去面对工作上的压力。

快乐使女人永葆青春

　　女人是月亮，明亮浪漫，抵挡终日炎炎。女人是花，芳香四溢，妆扮秀美山河。女人是水，清澈透明，滋润世间万物。既然女人如此重要，为何不让自己做个快乐的女人呢？

　　也许有人会说，面对家庭变故、婚姻挫败、事业不顺、经济困窘、繁重的家务等诸多问题，怎么能快乐得起来呢？这时，请你告诉自己："谁也别想把黑暗放在我面前，因为太阳就生长在我心底。"快乐女人幸福的真谛就在于此。功成名就的人也未必就有快乐。

　　一位成功女士感慨地说："很久以前，我渴望成为一个完美的女人，漂亮、能干、坚强。我曾经把事业放在第一位，一味地工作，并因此失去了爱情、友情和陪家人的时间，失去了很多生活的乐趣。渐渐地，才发现我的生活中总是缺少了一样东西，那就是快乐。真正能打动人心的还是做个快乐的女人。"

生活中，太多的女人把自己一生的幸福寄托于外界的人事上，比如，金钱、由金钱带来的显赫地位和富足的生活，还有男人、朋友、父母、子女，等等，一旦失去了这些，对她来说简直是晴天霹雳，幸福和快乐的根基也就随之毁坏。将自己的生活重心放在人与事上，永远不会获得快乐。所以，一个女人想要拥有快乐，首先要改变自己的内心。快乐的女人，尽管她们的钱不多，但有的是闲暇，即使她们没有闲暇，也会用心智来创造愉悦和激情。

快乐和痛苦是一对孪生姐妹，当我们经历痛苦的时候，能够苦中作乐，是快乐的最高境界。它是一种做人的乐观态度，尽管生活使你伤痕累累，世界给你椎心之痛，但是因为你快乐，所以你不会百感交集，不会埋怨和悲伤，你深刻地明白：对幸福的追求本身就隐含着对痛苦的超越。

无论生活给我们美好或是痛苦，我们都要保持一个快乐的心情，做个快乐的女人最好，只要我们快乐，就能永葆青春与健康。

要知足，才能常乐

　　贪婪是最真实的贫穷，满足是最真实的财富。平平淡淡才是真，是知足的一种境界。知足常乐，是人性的本真。知足常乐，并不是每天躺在床上睡大觉，也不是不思进取，盲目乐观，它是一种看待事物发展的心情，不是安于现状的骄傲自满的追求态度，正所谓先知然后才能乐。

　　然而并不是所有女人都能够做到知足。她们总是在奢求，甚至不惜用人格去换取浮华的东西；她们看不到自己所拥有的东西，总是在意别人所拥有的，还拿来与自己进行比较；她们总是生活在无穷无尽的烦恼之中，一味地伤感，对任何事情都大惊小怪、耿耿于怀；她们从来不会脚踏实地努力生活，只会空谈完美，整日沉湎于自我厌弃和对别人的品头论足中；她们牢骚满腹，整日愁眉苦脸，令身边所有人生厌。

用自己的人格去换取浮华，最终也无法弥补心灵的空洞。看别人拥有，无法解脱压抑的心情。生活在烦恼中，无法调整好心态。不务实生活，无法享受生活的快乐。抱怨生活，无法把握人生的真谛。

人无完人。生活在这个五光十色的物质世界里，我们的眼睛被太多的东西所迷惑、所蒙蔽。贪婪的欲望是无止境的，犹如滚雪球，一个连着一个，永远也不能满足。生活中太多的物欲与虚荣让生命之舟超载，要想让生命之舟远航，唯有选择轻载。不做唯利是图、贪得无厌的人，不过分把成败、得失、荣辱看重。

人生中，并不是所有的奋斗都有结果，也并不是所有的结果都像期待中的那样美好，相反，在每一个奋斗的阶段都会有烦恼。所以，聪明的做法是珍惜每一个奋斗的过程，把握眼前拥有的一切，满足于生活的现状。

首先，调整好心态。从纷纭世事中解放出来，给自己一个独立的空间，挖掘生命之中的快乐因素，淡泊名利，超越尘世的俗欲，让心灵变得宁静。心平气和地对待人生得失，做到宠辱不惊。

其次，对人对事，从容淡定。用一颗真诚、平静、和谐的心去面对，这样生活会多一分达观。"达则兼济天下，穷则独善其身""布衣桑饭，可乐终身""采菊东篱下，悠然见南山"，古人给我们树立了最佳典范。

最后，让自己循序渐进地成长。人生处处充满了机遇与挑战，取得成绩时不过分狂喜，遭遇挫折时不怨天尤人，对生活执着前行，在追求的同时也要学会适时地放弃。在喧嚣与繁闹中，学会将压抑与深沉过滤，沉淀下心旷神怡的心境，好让自己步伐轻盈、精力充沛地前行。

平凡不一定就不是幸福的。人人都能知足常乐，世间便少一点儿纷争，多一点儿平和。

人生飞扬，知足常乐，让生命之舟在人生海洋里扬帆远航。

快乐的女人收获多

快乐是什么？心理学的解释是人们的思想处于愉悦时刻的一种心理状态。快乐是没有条件的，它是幸福海洋里激起的美丽浪花，是人生乐曲中振奋人心的音符，更是一种积极向上的人生态度，是一个人内心真实的反映，是自动自发的。正如罗曼·罗兰所说："所谓内心的快乐，是一个人过着健全的、正常的、和谐的生活所感到的快乐。"

有位记者问一位成功男士："你最欣赏哪种女人？"记者心里想好千万种答案，然而令她出乎意料的是，男士冷静而果断地回答："快乐的女人最可爱。"

那么，女人的快乐从何而来呢？拥有一个温馨幸福的家使女人感到快乐，拥有一份富有挑战性的工作使女人感到快乐，拥有温暖的友谊使女人感到快乐，能做自己喜欢做的事情使女人感到快乐，随着年龄、阅历的递增感悟到生活的真谛使女人感到快乐。可见，女人的快乐很简单。

　　拥有快乐的女人，也许她不是最出色的，但却是懂得生活真义的人。也许她不是漂亮的女人，但却是健康可爱的，更是幸福的。假如一个漂亮出色的女人不快乐，那么她的漂亮与才干又有什么意义呢？快乐的女人拥有一颗快乐的心。

　　快乐女人有着一颗平和的心。她们从不对生活不满，更不会在追求一些东西的过程中抛弃快乐。

　　快乐女人的脸部呈现出来的表情是放松愉快的。她们的生活很有情趣，尽管平凡但却充满了甜蜜的味道。

　　快乐女人有着一颗爱人的心。与她接触的人不会感觉到沉重，相反，犹如春风拂面，给人带去一份轻松与惬意。

　　快乐女人，有着一种无形的力量，吸引着你走近她。她们热爱生活，知道如何能让生命更有意义地度过。

　　快乐女人有自己的理想。她们既不依靠别人，也不自怨自艾。她们会按照自己的既定目标一如既往地前行。

　　快乐女人很容易满足。她们心怀感激，为自己已拥有的一切感谢上苍。她们不盲目攀比，更不让自己变得愚蠢。她们也会与别人比较，但内容却是如何更快乐更充实。

快乐女人活在今天。她们只为今天做一些行之有效的事情，她们参加运动，爱惜自己的身体。她们要求上进，加强自身的修养，不断学习。她们珍惜时间，不把时间浪费在异想天开上。

快乐女人懂得自如切换自己的角色。即使自己在外面是个强势的人，到家后她依然是那个小鸟依人、楚楚动人的小女人。

快乐女人能够放得下，十分大气。痛苦过后只是一笑置之，争吵过后能主动与对方握手言和，妒嫉过后会虚心向别人学习。

快乐女人身上有着坚强与责任。她们有自己的人生信条，不会随波逐流，更不易被各种诱惑所吸引，遇到困难她们迎难而上，直至到达胜利的彼岸。

从现在开始做一个快乐女人吧！

放下烦恼，把快乐当成一种习惯

岁月如流水，带走了女人的青春美貌，带来了她们的风烛残年，使她们丰韵不再。尽管岁月无情，让我们失去了很多东西，然而它也会有力不从心的时候，因为它根本就带不走你的快乐、你的自由、你内心的宁静，也带不走你体验的幸福。

我们对小事的烦恼、牢骚、不满、抱怨、不安的反应，在很大程度上纯粹出于习惯。只有养成快乐的习惯，你才会变成主人而不再是奴隶。快乐的习惯可以使一个人在很大程度上不受外在条件的支配。如何把快乐当成一种习惯，其方法如下：

1. 树立正确的生活信念

正确的生活信念就是积极的心态。不要指望用金钱买到快乐，只要对自己的收入满意就行，不怨天尤人。正如一位哲人所说："我们所谓的灾难很大程度上完全归结于人们对现实采取的态度，受害者的内在态度只要从恐惧转为奋斗，坏事就往往会变成令人鼓舞的好事。当灾难来临时，如果我们面对灾难，乐观地忍受它，它的毒刺也往往会脱落，变成一株美丽的花。"

2. 勤奋工作

工作的女人，能感到自己被人需要、被人尊重，那些事业有成的女人在心理上是充实的。不过，不要将自己变成工作的机器，要懂得在工作之中享受乐趣。同时，也不要忘记除工作外，你还有爱人、朋友和家人，生活之中有许多值得珍视的东西。快乐的女人懂得分享，她们深知，快乐并不是因为拥有的多，而是因为计较的少。

3. 拥有朋友

人生路漫漫，有了友情的滋润，让女人的人生变得更加完整。没有友谊的人生是可悲可怜的。当你低落痛苦时，友人的一声安慰能驱散愁云；当你开心快乐时，有了友人一同分享，会让这份快乐增值，变得更加生动、美好。

4. 拥有一颗平常心

快乐女人知道，生老病死是自然规律，因此她们不会为生命慨叹太多。当年岁增大，鱼尾纹渐渐爬上她们的脸庞，黑发一点点地变白，她们也不会担心，这是生命的过程，如果说年

轻有朝气、有锐气的话，那么年老会更有味道，阅历也更加丰
富了。

5. 让微笑成为最经典的表情

女人的微笑如和煦的春风，拂过所有人的心扉，让每一个
看到她的人，都感受到阳光般的温暖。这份快乐平淡而幸福，
没有更多的辉煌与绚丽，然而恰恰是一个个简单的平凡的瞬间
组成了超脱的幸福，也让你的心灵得到净化与升华。

拥有快乐，使你笑傲风霜雨雪，喜迎阴晴圆缺，生命是何
等的精彩。

第二章

幸福就藏在你背后

穿好"婚姻"这双鞋

婚姻就像是选鞋子，合不合脚，只有穿了才知道。脚是你的，你绝对有权选择要不要穿鞋，如果你实在难以忍受鞋子对你的束缚桎梏以至伤害，你大可以继续光着你的脚丫来做你的赤脚大仙。

生活本来就有许多变幻莫测的因素，它更富于戏剧性，在这个浮躁的社会中，感情的不规则衍变使得不少女人对感情缺少了信任与追求的勇气。有人说，对于女人来说，拥有婚姻只是拥有了一张持久的饭票，在这个错综复杂的现实世界中，婚姻变得那么脆弱而又不堪一击。而人又有着千差万别的个性特征，所以婚姻对于女人来说，也有着不同的意义。一些女人在疯狂地追求婚姻，并且有着极强的婚姻适应力，即便在婚姻的路上走得曲折艰险，她都乐此不疲；一些女人并不热衷于婚姻，能不能找到适合自己的婚姻伴侣对她们来说似乎无足轻重，她们对对方有着苛刻的要求，如果实在找不到，也不会委曲求全而将自己的未来与一个不确定的人展开一段不确定的婚姻；而又有一些女人则是折中的态度，一方面迫于家人的苦口婆心，另一方面迫于自己的年龄，所以对对方就没有太多苛刻的要求，更多了一些将就，似乎婚姻对于她们来说只是个鸡肋而已。

曾认识一些这样的女人，她们工作上都很优秀，有着留学、国内名校毕业的种种背景，她们多是各行各业的精英，职场上能够呼风唤雨，即使在男人的世界里也能叱咤风云，显得游刃有余。可是一旦面对婚姻与爱情却不那么顺利，有人爱上了不应该去爱的人，结果让自己心伤；而爱她们的人呢？对她又存有这样或那样的目的，让她们感觉自己是被人利用的角色，多了一些气愤；有人执着地为曾经一段没有勇气表白的爱情坚守着一个不变的期待。

其中的一个女人是一家房地产公司的高级策划总监，有车有房，生活上衣食无忧，足够的富贵与小资。30岁的她仍孑然一身，在城市的某个角落流浪。她曾有过一段刻骨铭心的恋情，然而她并没有不结婚的打算，也不是单身、厌婚一族，更不是她生理上存在着什么不可逾越的障碍，而是没有遇到自己的缘分。一次，朋友给她介绍了一个很优秀的男人，相处不久，她就发现男人看中的仅仅是她能带给自己生意上的便利。相继又有人介绍一位男人给她，无独有偶，这个男人也是抱着目的而来，男人经济困窘，而她的富裕正好弥补了男人的需求。见面、分手，周而复始的恶性循环使她发现，想找到一个真正与自己贫贱与共的男人并不容易，因为自己根本就不能保证一辈子都会有如此的风光与辉煌，如果有一天，自己从名利的巅峰掉下来了，这个男人对自己如何真是另当别论了。而她的女性朋友也遇到过类似的经历，男人不仅没有了宠爱，而且还不时地会恶语相加，最后，婚姻就过得像地狱一样。那又是何苦呢？正是由于对男人彻底失望，才会对自己的婚姻不抱有幻想，她认为除了自己谁也靠不住，还是花自己的钱来得踏实。其实，自己开心是最重要的！

　　婚姻就像是你手捧的沙子，并不是你想握就能握得住的，也不是你随遇而安就能长久的，主要看你怎样去经营。单身还是结婚都是一种选择，无所谓对错。单身的你，晚上回家，听听音乐泡个热水澡或看看书、上上网，也会少了男人的纠缠。

相应的，单身时间久了，也会对自己的身心健康造成伤害，再加上缺少了性生活会加速衰老，少了生育会增加乳腺癌的发病概率，偶尔也会有孤独寂寞之感，生病时身边也没有个人照顾，这些都是选择单身的弊处。无论是爱情还是婚姻，只有女人理解了男人，女人才能有独立与解放，女人的良好气质也能得以体现。婚姻不仅是一般意义的男欢女爱，它是人类至纯至真的美好情感的最终体现，爱情的意义应该是一种人生境界，只有心灵的纯净才能产生无尘无邪的爱情与婚姻。

鞋子合不合脚，是脚的事情，脚合不合鞋，又是鞋的问题。所以，婚姻的幸福与不幸是不能用我们的常规理论来判断和思考的，它是不能够掌控的。只有脚和鞋两个慢慢去体会了。

好老婆修炼法宝

"我能想到最浪漫的事，就是和你一起慢慢变老，直到我们老得哪儿也去不了，你还依然把我当成手心里的宝。"哪个女人不希望被男人宠爱，可是，真想做个被人宠爱的女人，也是需要学点儿功夫的。

1. 做老公眼里的情人

当老公的好老婆并不难，可是同时还要做他的好情人，就需要你花费一些时间了。为什么要做他的情人，就是要他想念你、迷恋你、离不开你，提高你在他心中的地位。

2. 女人的温柔是男人最致命的武器

在他加班加点的时候，你不要在他身边，因为这样会让他工作分心。不妨去给他沏杯热咖啡，或者煮一碗面，如此细心而又温柔的你，会令他着迷。当你的心里在打着一个如意小算盘的时候，不妨试用"先给个蜜枣，再打个巴掌"的办法。因为，没有一个男人可以逃出女人温柔的怀抱。在他很乖的时候，你一定要将自己的想法在这一刻对他说，你那柔情似水的眼眸令他万分心动，这正是你提出要求的最佳时机。

3. 学做几道拿手好菜

对于老公喜欢的几道菜，你一定要做得出色。在这里，并不要求你会做什么满汉全席，什么山珍海味，只要求你有针对性地做几道自己老公所钟情的菜肴。不妨照着菜谱学习学习，也可以向他人取取经。最好的效果是，当他到外面去吃同样一道菜时，他会认为还不如自己老婆做得好吃。

4. 永远做最美丽的自己

外部形象的丑与美并没有直接关系，正如有人说，世界上没有"丑"女人，只有"懒"女人。任何男人都希望陪伴在他身旁的女人永远是美丽的。在这里，请你记住，无论自己有多老，也无论在什么场合，都要注重自己的穿衣打扮，也知道他所喜欢的穿衣风格。

5. 做他最好的贤内助

要保证他每天都换干净的袜子，不能让他穿臭袜子。把他的每双皮鞋都擦得干干净净。要保证他要穿的内衣，有你处理过的香气。要知道他的整洁与干净都反映出你的勤劳与体贴。

　　6. 有一个让他爱你的理由

　　每一个已婚女人都希望自己的爱情之船会平稳顺畅地行驶。然而，在这个浮躁的社会，有许多的诱惑存在。尤其是你的男人成熟又优雅，既多金又有风度时，有许多女人会像蝴蝶一样扑过来，这是无可避免的。这时，你的年华已老去，在那样一个鲜亮的女人面前，你必须拥有一个让老公爱你的理由。或者是你长得漂亮，要是不漂亮，你就要有气质，若没有气质，就要有才华，才华也没有，你就要性格好，性格不好，就要善良。总之，你要有一样拿得出手的优点，让你与众不同，让你的丈夫永远钟情并迷恋于你。

失恋不失心

　　失恋并不可怕，可怕的是从此失去了恋爱的心。追求浪漫的女人容易受到感情的支配，一旦深陷进去，拿得起而放不下，极易受伤。她们会整日以泪洗面、心如刀绞，可谓是"度日如年"。为何不选择祝福他未来幸福快乐呢？敢爱敢恨敢失去，洒脱地等待下一份爱才是你的风格。要记住，没有人能够伤了你，能伤你的人只有自己。爱过了，走过了，一路欢笑，一路泪水，不要反复追问，不必苦苦强求。漫漫人生路，有人能陪你走一程，已经很难得，何苦还要以爱的名义来束缚住身心？勇于正视现实，将失去的爱放下，承认自己的失败，接受这些无奈，哭一场、疯一场，然后重拾信心，放开双手，前方会有更美的风景。

　　失恋的女人喜欢从此把自己封闭起来，不再过问感情，过单身生活。她们只会沉浸在无边的痛苦之中，无法自拔。当别人劝慰她们时，她们会说："你又不是我，你怎么知道我的感受，真是站着说话不腰疼。"

失恋的女人习惯于对爱情不再抱有任何希望。她们认为任何男人都不可靠，都不值得信赖，所以一旦遇到真正关心她们的异性，她们也会在内心深处画上无数个问号，充满了猜疑，她们充满了警惕与防备之心，正所谓"一朝被蛇咬，十年怕井绳"。

失恋的女人自暴自弃。她们会用残忍的方式来对待自己去追忆那段恋情，选择自虐、绝食。一副十分悲壮的神情：爱情都没有了，活着还有什么意思呢？

看看失恋的男人又是怎样表现的呢？他们就算是遇到很大的打击，依然会振作起来，并且马上会寻找下一段感情，因为他们知道，填补感情伤痛的最好办法就是用下一段感情来治疗他们那受伤的心。他们也伤心、也难过，但他们更清楚的是，即使再伤心再难过，事情已无法挽回，不如两人相忘于生活。

女人，请爱自己一些。分手说明你们彼此相遇的时间不对，太过执着终将造就一段孽缘。不爱了，就不要对他苦苦哀求，不要拉着他的衣角不放，更不要用他的冷漠及逃避来惩罚你自己。早一天放手，早一天成全爱，成全自己成全他人，不是很好吗？

　　选择过单身生活，你心里做好准备了吗？身为女人，你不同于男人，他们三十好几当钻石王老五，可以自由、开放、不做作、不虚伪，你能吗？下班后，当你一个人行走在冷清的街上，一张张陌生的脸孔从你身边晃过，在迈向成功的过程中，幸福对你来说也越来越遥不可及。如果说你并不缺少朋友，也会频繁地交换男友，那为何不选择一个交心的呢？如果你不在意前一段伤痛的话，你就不会选择过如此的生活。

　　因为一段不成熟的感情，而放弃更美好的爱情并且自暴自弃，值得吗？虽然爱情很宝贵，但生活中，还有爱你的家人，还有关心你的朋友，你还有自己的理想，还有亲人的期望，你把这些都抛诸脑后了吗？你的做法，对自己、对家人、对社会都是一种不负责任的表现。一个人连自己都不爱，她哪里还有爱他人的心，哪里还值得别人爱她呢？

　　分手之后，要学着调整心情。可以将自己转型，或许，之前你总是习惯于按他的喜好打扮，现在，可以将那些你并不喜欢的东西丢掉，按照自己喜欢的风格，随心所欲地扮靓自己。心会彻底地轻松，不必担心自己说错话，也不必担心自己做错事，更不用再对他让步，可以自由自在地重新体验被人追求的快乐感觉，这可别有一番风味呢！

　　一个无法面对真实自我、无法自救的女人，永远都会有苦恼伴随着她。所以，一个女人最为重要的是相信自己有爱人与被人爱的能力，对未来一切充满必胜的信心与勇气，时刻保持着乐观进取的心，保持着快乐的心情。一个快乐的人，永远都拥有迷人的气质。

　　越是小心地经营着爱情，它越容易破碎。分手了，就不要苦苦地纠缠，让它去吧。也许当时放弃对你来说很难，但是，时过境迁，你会有新的收获，让那往事随风去吧。

男人眼中的优质女人

男人眼中的优质女人，无论漂亮与否，都应该是有魅力的，并且会不失时机地营造自己的魅力。

1. 她应该是一个永远天真可爱、不懂算计的开心女孩儿

她毫不矫揉造作，天真无邪的个性感染着周围的每一个人，热爱生活、无拘无束，随心所欲又有些漫不经心。她讨厌尖刻和故作深沉，所以她永远不可能是林妹妹的类型。

2. 她是男人生活中的别致的景观，一本耐人寻味的书

她喜欢奢侈、喧闹的生活，喜欢施展自己的社交魅力。静如处子，动如脱兔，她并不需要去做深沉的思考，也不会去考虑生活以外的东西，为自己而陶醉。

3. 她是一个知识女性

她给人的外在感觉是朴实、清新，没有浓妆艳抹的肤浅，

思想深刻，活泼而不轻浮，稳重而不呆板。花只为懂得它的人绽放，她只把自己的美展示给那些能够走进她内心深处的人。她有着丰富的内心感受，并同时把其外化为独特的气质与教养，是知识女性的代表。

4. 温柔的个性，典型的贤妻良母

她多情、体贴、柔美、安稳、惠质兰心，她沉静、沉着、细腻，重视心灵的交流。热爱儿童，重视家庭生活。有良好的修养，她不被日常琐碎和庸俗所打扰，从不羡慕别人拥有的，只专心又平和地享受自己所拥有的美好。

5. 她不被别人操控，有着与生俱来的狂野个性

她从来不会被别人操控，因为她有着不服输的个性，尤其是讨厌被束缚手脚。她喜欢独立，就像一匹难以驾驭的野马，狂野、潇洒、奔放、不羁；她有着一种力量，可以使人联想起一切浓烈和快节奏的感受，一向简洁、痛快的作风容不得半点纠缠；她的心太大也太高，于是，凡俗琐事便一概被她忽略掉了，但骨子里的性感和精神上的细腻却挥抹不去。

6. 她是物质与精神的主人

她从不因为物质的满足而放弃精神的追求，相反是物质基础使她更有实力建构自己的精神世界。她洞悉世事，从中体味

世态。她在亦庄亦谐中游刃有余。她是行动的巨人，更是思想的巨人。

7. 她是一个理性的女人

她有着说到做到、言出必行的特质，喜欢分析事情、把握大局；智慧而长于思考，从不会意气用事，也不会受到冲动的惩罚；她自尊自立，热爱自己的工作，并且事业小有成就；她喜欢像男人一样生活，同时懂得聪明地、适度地、施展女性魅力。

8. 一个容易自我满足的女人

她喜欢愉悦、快乐、轻松的生活，对生活的要求并不高，不愿意有压力和波澜。安于现状和乐观的天性使她能够将青春延续。她单纯而敏感，有较好的人缘，是众人的开心果。

9. 她是浪漫的女人

她既古典又浪漫，个性有着无限的魅力，有着让人为之倾倒的力量。充满诱惑又不邪恶，美是她的理想。世俗生活离她很遥远，她仿佛是坠落人间的天使，来到这个世界，只为了做一个女人，而且还是女人中的女人。

10. 她是一个富丽堂皇的女人

她喜欢与人打交道，并且施展个人独特的人格魅力。她的奢华与高贵一样引人注目，最华丽的场合总是她出尽风头。

她喜欢那种众星捧月的感觉，她征服世界的方式就是去征服男人，但她并不把这当成资本。

涉爱女人需知

对女人来说，爱是一生的温暖，是永久的幸福。女人为情而生，为爱而死。情与爱，是一个女人最不可或缺的精神食粮，是女人生命的支柱。再聪明的女人，生命里没有爱的点缀，也只是一地清冷的月光。俗世中，男男女女都无法挣脱爱恨编织的情网，也无法逃脱爱与被爱纠缠的旋涡。对于每个涉足爱河的女人来说，要想在爱情里享受甜蜜，在婚姻里收获幸福，一定要懂得如何去爱，如何被爱；什么样的人能爱，什么样的人不能爱；如何幸福地享受爱，如何平静地放弃爱。可以说，这是每个女人"涉爱"前所必修的一课。

首先，不要失掉自我。不要重蹈"悲情女人"的覆辙，过三点一线定式的生活。从担心没有男友，到有了男友后整日苦等他的电话，绞尽脑汁地揣摩他的心思，再到结婚后，天天等门，不厌其烦地查手机短信和监视他的一举一动。人生如戏，而你是唯一的主角，自导自演，是喜是悲、是苦是乐，都由你掌控。爱一个人就是让他更像他自己，你爱他，就让他做他自己吧！同时，你也可以更加轻松地做自己。何乐而不为呢！

　　其次，不要为了爱而爱，不要为了婚姻而婚姻。爱人对于女人来说，不是最好的，也不是最坏的，而是在恰当的时间适时出现的。不要仅仅因为孤单寂寞而去爱。为了摆脱一个人的状态，不加思考地随便爱，只会徒增你的寂寞与伤悲。此外，对爱情也不要抱有目的，爱仅仅是两个人的情投意合，它不是用来交换的，它的发生也是没有原因的。如果你付出的爱从没有想到过能得到什么回报，那么你就是真心地在爱着。就像徐怀钰所唱的那样："爱一个人有缤纷心情，看世界仿佛都透过水晶。我和你的爱情好像水晶，没有负担秘密干净又透明。"能够全心全意地去爱，本身也是一种幸福。

　　最后，珍惜爱，学习爱。懂得爱的女人，也懂得珍惜。女人的情感细腻而敏感，这是女人的天性。可是有时，如果女人不懂爱，它就会变成一把剑，不但伤了自己而且也伤了别人。所以，一旦遇到爱，女人要小心地呵护，也许会有忧愁、烦恼、彷徨、失落，但千万不要有伤害。如果你不爱他，就不要轻易接受他。人生短暂，一厢情愿是很苦的，要设身处地地为别人着想。爱是一种能力，也是一种技巧，尽管人类有爱，但并不是每个人都懂得爱。所以，学习如何去爱，对于每个涉爱女人来说，是至关重要的。爱是一种责任，在你享受的同时也要付出，把你的爱人当成你生命中的一部分，在平凡的生活中制造浪漫，把平庸的生活点缀得温馨幸福。

你属于哪种爱情性格

　　有一天，你独自一人来到海边，令你想不到的是发生了一件奇怪的事。当你正在海边的沙滩上散步时，走着走着，突然听远方有人在叫你。于是，你抬头四处张望了一会儿，看到有一个男人在你的右前方，他穿着一件米色的长裤、光着上身，手中挥舞着他的衣服，向你大喊：快来看！这里有好大一个贝壳呀！请问，你觉得这个男人手中的衣服是什么颜色？

　　a. 蓝色　b.红色　c.紫色　d.黄色　e. 黑色　f.白色

选a的人

1.你的爱情性格

　　你的感情细腻而丰富，像水一样多情。正因为如此，你的恋情从未曾断过，仿佛你是为爱而生，一生只为恋爱而活。你温柔而又体贴的个性，总是在不自觉之中让异性为你深深着迷。你的频频放电，使你在情路上无往不胜。

2.你的情变疗伤法

对异性来说，你的柔情是一种致命的吸引力。而对于你自己来说，有时它是一种致命伤。固执的你，总是认为只要温柔以待，就能得到真爱，可是你并没想到对方有时"不吃这一套"，当他拂袖而去时，你就会接连不断地找朋友倾诉你内心的苦闷，把自己的情感寄托于艺术创作和自己感兴趣的事情上，静心等待下一段恋情的来临。

选b的人

1.你的爱情性格

你是个敢想敢爱的人，爱得果断、爱得爽快。即使他与你分手了，依然会让他一生都难以忘怀你的样子，你的影子会时常出现在他的回忆里。然而，这并不代表你的情路畅通无阻，你们爱的时候轰轰烈烈，散的时候也是惊天动地。

2.你的情变疗伤法

尽管你的身上散发着恋爱的魅力，可是你依然摆脱不了被甩的命运，而且概率很高。对待感情，你总是很投入，以至于当对方已经抽身，你却还被蒙在鼓里，一切浑然不知，当你意识到情况不对时，早已人事全非。这时候的你会低迷、颓废一阵子，不理睬任何人，不关心任何事。何时你会自然痊愈呢？
当然是寻觅到下一个对象之时。

选c的人

1.你的爱情性格

对异性来说，你是个很神秘的人。总给人一种若即若离的
神秘感，让别人猜不透你的心思，因为它既内敛又深沉。说实
话，与你在一起，会让你的情人有一种"痛并快乐"的感觉。
一方面迷恋你的距离感；另一方面又为了不懂你而觉得痛苦。

2.你的情变疗伤法

你时刻地保护着自己，不会轻易地把情感表现出来。一旦发
生情变，对你来说，是一种巨大的打击。因为当你好不容易愿意
为对方付出时，却遭遇情变，你必须用好长好长的时间来恢复。
至于你的疗伤方法，当然是选择让自己更沉默、更自闭，在一个
人的世界里慢慢咀嚼情变的苦涩。等你准备好了，自然会再重出
江湖。要多长时间，当然要看你的心结何时能够解开了。

选d的人

1.你的爱情性格

你的爱开朗而又明了，它就如同你的个性一样开朗、快
乐。把局势搞得暧昧不明不是你的风格，你从不会让对方有模

棱两可的猜测。在你看来爱就是爱，不爱就是不爱，没有中间暧昧地带，一切奉行公平、公正、公开的方针，十分符合民主精神。

2.你的情变疗伤法

既然你是个敢想敢爱的人，你当然也会全心全意地去爱，爱了就不说后悔，你把恋爱当成人生一种健康、愉快的活动。当情感发生变化时，你也会伤心难过，可是这只是暂时的，会很快复原。伤心时，你会把重心暂时放在有意义的学习或助人上面。你是珍惜时间的人，不会把时间浪费在做无谓挣扎之上，当然不会被情变打倒。

选e的人

1.你的爱情性格

爱情极端主义者，非你莫属。你认为，爱情不是单纯得像一张白纸，就是复杂得像一张地图，这完全取决于所遇到的对手是谁。你是遇单纯则单纯、遇复杂则复杂、遇强则强、遇弱则弱的人。爱情之于你，只是场游戏而已。你不喜欢被控制，但是愿意负责任。

2.你的情变疗伤法

爱情中的你，是个不折不扣的顽固分子类型，虽然表面上看起来很随和。你还是个狠角色，只要想得到的，终究会落到你的手上。遇到情变时，会显得异常的冷静，你不会让对方知道你的想法。

选f的人

1.你的爱情性格

爱情之于你，是一个学习的过程。你希望从爱情中学会两性的关系、学会如何扮演好自己的角色。凡事你都会从乐观的角度思考，对待爱情也是一样，你认为既然要和对方在一起，就应该百分之百地忠诚和信任。

2.你的情变疗伤法

你绝对不会相信自己遭遇了情变的事实，除非是自己亲眼所见。如果很不幸的，事实的结果的确是悲剧一桩，你也不会自暴自弃或怨天尤人。也许你必须度过一个低潮期，但是你会选择用包容和时间来淡化痛苦的记忆，而且你终究还是相信世间是存在着真爱的。

女人结婚后的三个"雷区"

婚后女人，有三个误区极有可能让你精心维系的婚姻土崩瓦解，要加强注意！

雷区之一：我嫁的是他，又没有嫁给他的家人

对于大多数的女性朋友来说，她在与老公谈恋爱时，并没有过多地了解对方的家庭情况，也没有引起她的重视。因为，她自认为嫁的是自己的男友，又不是他的家人。这种说法听起来似乎很有道理，然而，它却经不起现实的考验。因为嫁给了一个人也就是嫁给了一个家庭，嫁给了他的成长轨迹，嫁给了他的生活习惯。一个人小时候形成的习惯往往会成为他一生的习惯，而且多数的家庭习惯也会与他个人的生活习惯如影随行。在此，我要说，嫁一个人并不是嫁给了他本人，而是嫁给了他的全部。

雷区之二：结婚以后，我一定要好好地改造他，因为他是

那样地爱我

世界上没有两片完全相同的树叶，何况是两个来自不同的生长环境、有着不同思维模式、有着迥然不同生活习惯的人。两个人在一起过日子，一定会有矛盾产生。尽管有时只是为了一些鸡毛蒜皮的小事，或者是一些生活上的小细节，然而，恰恰是这些不起眼的事情，最容易消耗婚姻的耐受力。

女人认为结了婚以后，要尽可能地改造老公的一些坏习惯，她们往往采取各种各样的办法去改造对方。这也就昭示着一场没有硝烟的战争的来临，在这里，家不再成为男人甜蜜的港湾，而是处处对垒处处作战的无名战场，最终，无论是哪方获胜，两个人都会很累。不妨多多观察他的成长轨迹，因为他现在所形成的习惯大多数来源于家庭。与其面对那些徒劳的改造计划，不如关注他的成长，用欣赏的眼光多多了解他，走近他，包括他的过去、现在与未来。爱一个人，不是要他成为一个什么样的人，而是让他做他自己。

雷区之三：因为我们已经结婚了，所以他是属于我们这个小家庭的

每个人都有自己对自由与梦想的追求，即便你们已经结婚，也不要认为他是你的私有财产。要知道，他属于他自己。

他不仅仅因你们的小家庭而存在，他还有自己的生活和交际圈子，有父母、亲人、朋友、同事，等等。如果想让你们的婚姻之树常青，就要随他一起融进这个大圈子中来，就像你也有自己的生活圈子一样，你也不希望被他束缚。给他自由，给他空间，也是在给你自己自由与空间。

所以，当你想同爱你的男人结婚并共度一生时，一定要做好心理准备。因为你不仅仅是同他结婚，也是同他的各种轨迹结婚，包括家庭背景、社会背景以及他的生活习惯。请你一定要十分清楚明白的是：你选择的男人、你所选择的生活绝不仅仅是他单独的一个个体，而是他的家庭成长环境以及与他有着千丝万缕交往背后的那个复杂的社会团体。

营造和谐的夫妻关系

同事关系、朋友关系、婆媳关系、夫妻关系等都需要女人去处理。而把夫妻关系处理好，对于女人而言则是其中最为重要的。夫妻关系不好，很容易伤害彼此的感情，严重时还会落得夫离子散，事业也会相应地受到影响。所以，对于女人来讲，处理好夫妻关系是重中之重的大事。在此，给你传授几点秘诀：

秘诀一：包容丈夫的缺点

男女双方谈恋爱时，彼此之间往往是将自己最美好的一面展现给对方。可一旦结了婚生活在一起后，各自的缺点就开始暴露无遗了，呈现给对方的都是本真的自我。可"金无足赤，人无完人"，凭什么以完美要求自己的丈夫呢？爱一个人，便意味着全身心地、无条件地接受并包容他的一切，包括他的缺点。因此，对丈夫的缺点，妻子不要太过较真，求全责备，而应该多体谅、多包容，这样彼此相处才会和谐，婚姻才会得以延续。

秘诀二：多多赞美丈夫

生活中，一些女人不但不愿赞美自己的丈夫，反而会经常挑剔、指责丈夫，甚至还会拿自己的丈夫与别的男人进行比较。既然你选择他做你的丈夫，那么你一定是欣赏他身上的某些优点和超过别人的长处。所以，作为妻子，你不要总拿自己的丈夫和别人做比较，更不要挑剔、数落丈夫，而应该时常温柔地鼓励他，赞美他："你真了不起，我很以你为荣！"使丈夫重新建立起奋斗的信心和勇气。

秘诀三：用心去体贴丈夫

当丈夫在外"受伤"了，回到家心情不好，妻子要用疼爱的心治疗他的创痛；丈夫从外地出差回来，身心显得很疲惫，妻子就应该主动一点儿，或为他倒上一杯热茶，或打来一盆洗脸水清洗他旅途的疲劳；这样会给丈夫以宽慰和无比的惊喜，丈夫会觉得你非常在乎他，于是，他会越发地爱你、呵护你。

秘诀四：与丈夫共享嗜好

社会学家米特说：共享每一件东西，包括某一种信仰，可以使人与人之间的关系更加密切。适应与分享爱人的嗜好和偏爱，这是获得美满幸福婚姻的重要因素。

如果夫妻两人经常把谈话的焦点集中在孩子或工作上，慢慢地就会发现除此以外你们可谈的东西很少。这时，你们不妨抽出时间来培养一些共同兴趣，并一起参与其中，这样做不仅能为索然无味的婚姻增添几多乐趣，也能使夫妻之间的共同语言与日俱增，夫妻间的感情自然也会越来越深。

秘诀五：与丈夫保持适当的距离

赫尔岑说："人们在一起生活太密切，彼此之间太亲近，看得太仔细、太露骨，就会不知不觉地、一瓣一瓣地摘去那些用诗歌和娇媚簇拥着个性所组成的花环上的所有花朵。"夫妻之间能够朝夕相伴那是幸事，但也要注意适当地保留一点儿距离，比如分床而居，既有利于休息，又会使夫妻双方保持各自的神秘和魅力，让相互的爱情在若即若离、不冷不热中久远维持。除了保持地理距离外，夫妻间保持一定的心理距离是更重要的。谁也不要试图去改造对方，而是要设法适应对方，让对方有独立的人格、独立的个性和适度自由的生活圈。

秘诀六：不要轻易猜疑丈夫

信任是夫妻间关系最重要的原则。夫妻之间如果没有了信任，互相猜疑，家庭的气氛肯定是阴霾密布。女人要想使婚姻生活永远和谐温馨，就不能轻易猜疑自己的丈夫，而应该充分信任自己的丈夫。

秘诀七：争吵后要主动"示弱"

在现实生活中，不吵架的夫妻几乎是没有的。当有了矛盾后，夫妻两人应相互忍让，协商解决，万不可为一点儿小事而争吵不休，从而影响夫妻间的感情。如果两人在一气之下发生了争吵，妻子则应该学会主动"示弱"，向丈夫说声"对不起"，给丈夫台阶下。如果那句"对不起"很难说出口，那么你也可以做一桌他所喜欢的好菜犒劳一下他，然后将自己洗得香香的送到他的怀里。

第三章

你的人生，比你想象的更美

良好的修养为你增色

　　一个女人经常不守时、屡次迟到；与人交谈时常打断别人的谈话，对别人的意见大加反驳；从不懂得尊重人，对人漠不关心，一副置身事外、心不在焉的样子；语言不文明，说话尖声大叫；言行不一，善于自夸；从不设身处地地为别人着想，极端利己主义；与人斤斤计较、睚眦必报，缺少同情心。试想，这样的一个女人如何谈得上有修养呢？

　　一次，记者采访一位父亲，问他希望女儿将来成为一个什么样的人，他回答道："一个有教养的女孩儿。"

　　那么，什么是教养呢？它不是随心所欲、唯我独尊的姿态，它是善待他人，善待自己的心态。表现为认真地关注他人，真诚地倾听他人，真实地感受他人。一个女人如果没有才华，不会有人怪她，但如果没有良好的教养，即使她才高八斗、学富五车也不会有人看得起她。一个女人的教养是"知书达理，温柔贤惠"。

有教养的女人热爱生活、善待自己。无论是情场失意还是事业受阻，她都不会伤害自己，只是让自己有短暂的低落，永不会因此堕落或放纵。她珍视健康，有规律地运动并保持良好的身材，她会抽出时间保养肌肤，很容易发现生活中的美好与感动，不会因为琐碎的烦恼而在心灵上留下痕迹。她展现于人的，是健康、靓丽、秀外慧中，是成熟、自信，神采飞扬。她像一杯充满淡淡茉莉花香的茶，令人流连忘返，回味无穷。

有教养的女人聪明博学。她们不但知识广博、冰雪聪明，而且与人有说不完的话题，无论是天文地理还是科技人文，她都能做到信手拈来，她玲珑剔透的思维无不令人惊叹折服。她的言谈收放自如，透露着一种风趣。在交谈过程中，如果与人意见不合，她会轻松地化解，她懂得"己所不欲，勿施于人"的道理，既不会将自己的意见强加于人，也不会照单全收别人的意见，她会以委婉的方式来化解尴尬。

有教养的女人是令人敬佩的、尊敬的、愉悦的，使人感到如沐春风。讲话有分寸，对人不刻薄；公共场合端庄大方，举止不轻浮；有爱心，并善于表达爱心；常常赞美祝福他人，而不是嫉妒人。有教养的女人像潺潺溪水，让周围的人被浸润。

　　有教养的女人既有思想又富智慧。她有见识，不要小聪明、拥有大智慧。无论是生活、工作、爱情她都拥有自信、自尊，追求完美。

　　因为她能够坚持一种美德，在无知的人面前保持应有的礼节，失礼是她最不能容忍自己犯的错；在无辜的人面前，她绝不把自己的坏心情转移到他身上；面对失败，她绝不因此而失态；面对成功，她也从不妄自尊大；她清楚什么是自己该有的神态和举止，并且，她懂得约束自己，在任何时候都能保持这样一种令人尊敬和钦佩的美德。

　　教养可以为你的美丽增色，从现在起，做个有教养的女人吧!

修炼你的魅力，让女人魅力十足

"魅力"一词，在字典上的含义：很能吸引人的力量。魅力是女人的综合指数，是从女人的身体内部和心灵深处自然而然涌动、喷发、流露出来的一种气韵。魅力是一种力量，是一种无形而能摄魂的引力，是一种无言却有震撼力的魄力。

魅力是一种灵性，灵性能保持女人的鲜活。一个女性如果靠化妆品来维持，生命必定是苍白的。

魅力是一种智慧，一点点地雕琢、塑造一个女人，即使是一个不经意的动作，都能吸引所有人的目光。

魅力是一种个性，蕴藏在差异之中，只有不断创新，才能拥有与众不同的韵味，成为一个让人一见难忘的人。

魅力是一种修养，在城市涌动的喧嚣中，洗练出一种超凡脱俗的"宁"与"静"。

如果一个女人美丽再加魅力，她将是一幅十分清新淡远高雅的画卷，韵味无穷；她将是一首隽永韵致的诗，雅致无限；她将是一首舒缓柔美的乐曲，让人陶醉其中。

那么，如何修炼你的魅力指数呢？

1. 做个"有味道"的魅力女人

"有味道"即是指事业、家庭、生活都美满的女人。而且女人要知书达理，要读书，要含蓄、温柔，千万不要像泼妇。

2. 爱读书的女人

贤淑文雅的女人，情味浓、意境深，她的身上充满着书卷气味，让人有品了还想再品的感觉。所以说读书女人有"灯如红豆常相思，书似青山总乱叠"的情调，有"勤向书山永登攀，不破冰海终不还"的情怀，这样有味道的女人，谁人不爱？

3. 丰富自己的内涵

不断学习，掌握各种技能，提高自己的生活品位，让自己的智慧体现在言谈里、笑容中、生活内。因为一个有文化内涵的女人，就会变得优秀，就会变得温文尔雅，善解人意，于是身上就散发着一般女人所没有的那种味道。

4. 气质高雅

有些女性看起来其貌不扬，但颇具魅力。其奥秘就在于她们具有诱人的气质和完美的女性特征。高雅的气质是女性与男性之间心灵沟通的重要因素。

5. 温柔善良

女人的柔情是男性的港湾，是男性的依赖所在。

6. 自尊稳重

女子端庄淑静的气质，本身就有吸引男人的魅力，要长于自我克制，拒绝诱惑，自尊自爱，保持女性纯洁，保证家庭稳定。

7. 积极上进

不仅要做贤妻良母，而且要有事业心、进取心，帮助丈夫在事业上出谋划策，与丈夫共进退。

8. 自信独立

自信的女人最美。现代社会，妻子如果事事都要依赖丈夫，没有独立人格，最终会被人瞧不起。

美丽出于天然，而魅力却需要经过后天培养方能形成。许多不美丽的女人因为自身独特的魅力，总能在熙熙攘攘的人群中卓然挺立。魅力是女人一件永恒的化妆品。如果天生丽质，请让高雅的气质升华美丽；如果长得不美丽，也大可不必耿耿于怀，可以从内而外修炼独特的魅力。只要心底灿烂，就会由内而外散发出恒久的魅力。

让书香熏染你的独特气质

罗曼·罗兰说："和书籍生活在一起，永远不会叹息。"
要想做一个有主见、有内涵、充满浓郁女人味的新时代女性，
读书是必由之路。书犹如一把钥匙，可以开阔女人的眼界，净
化心灵，充实头脑。它让女人变得聪慧、坚忍、成熟，让女人
明白包装外表固然重要，但更重要的是滋润心灵。读些好书，
会让女人保持永恒的美丽。

女人为什么要读书？坦言说，女人的智慧，一半是从生活
中揣摩出来的；另一半则是来自书本。一个爱读书的女人，一
定会浸染上那种淡淡的持久的书香，富有女人味。书本所赋予
她的，是丰厚的文化底蕴，不但陶冶了情操，而且使她优雅、
大方。拥有的知识越多，智慧就越丰厚，也就越美丽脱俗。书
香所熏染出的女人不但迷漫着清新淡雅的气息，而且滋润着她

的心灵。

1. 女人读书，可以为她注入新鲜的血液

不读书的女人，很容易被生活中的灰尘夺去往日的光彩，使头脑里荒草丛生，缺乏新的思想。可以说，"女子无才便是德"的时代已一去不复返，如果不想让时代淘汰，不想让别人产生审美疲劳，请走进书的世界。

2. 女人读书，可以使她变得有主见

把读书当作业余爱好的女性，会从中找到思想的共鸣，变得有主见，不随波逐流，即使遇到困难也有着很强的承受力。

3. 女人读书，可以使她们不再感觉到孤独

书籍可以点燃心中的希望之灯，让她们不会在黑夜里迷失方向。一心把疯狂购物、赌博、找情人……当作生活主线的女人是空虚的，她们不会学习，更不懂得思考，她们感到孤独、寂寞，甚至找不到自我存在的价值与意义，如同划过天空的流星，转瞬即逝。

4. 女人读书，可以使她们远离无知

读书是不断地否定旧我，重塑新我的过程。可以说，否定自我是一个非常痛苦的过程，有很多人怕学习，怕被否定，所以她们不读书，固执地选择逃避学习，逃避成长，与无知为伍。

读书是怡情、博采、长才。只有用一颗豁达的心去读书，才能体味书的微妙之处，汲取书籍中的养料。一本好书，相伴一生。有这样一种女人，喜欢买书、读书，偶尔也写书。她们身着普通的衣服，素面朝天，走进花团锦簇、浓妆艳抹的女人中间，反而格外引人注目。是气质、修养和浑身流溢的书卷气息，使她们显得与众不同。

读书的女人有品位，爱读书的女人不管走到哪里，都是一道知识风景。也许她并不美丽，但美丽正由内而外地透出来，她谈吐不俗，仪态大方。爱读书的女人美丽，不是鲜花，不是美酒，她只是一杯散发着幽幽香气的淡淡清茶。女人味是女人终生的美丽，容颜可以老去，可女人味不会因时间的流逝而淡去，甚至会延续到生命的终结。若一个女人失去女人味，就像鲜花失去香味一样，再明艳也不会得到别人的青睐。但她有一种内在的气质，优雅的谈吐，超凡脱俗，清丽的仪态无须修饰，那是静的凝重，动的优雅，坐的端庄，行的洒脱。那是天然的质朴与含蓄混合在一起，像水一样柔软，像风一样迷人，像花一样绚丽。

对于书，不同的女人有不同的品位。不同的品位会有不同的选择。不同的选择会得到不同的效果。有的女人读书是为了获取知识，增长才干，她们比较注重思想性强、有哲理、有深度的书。书提高了人生境界，使她们活得很充实。这样的女人本身就是一本书，一本耐人寻味的书。然而，在现代这样一个知识高度集中的时代里，没有人能够博览群书，因为精力与时间都很难保障。所以，读书也要有自己的选择，适当弥补自己知识体系中的一些空白与不足，就能比别人多几分典雅。

读书的女人把大多数时间用在读书上。读书对于她，是一种生命要素，是一种生存方式。她是懂得保持生命内在美丽的智者。爱读书的女人是美丽的，她们美得别致。即使是不施脂粉，也显得神采奕奕，风度翩翩，潇洒自如，风姿绰约。在她们的笔下，文字细腻而温婉，思绪灵动而敏捷。字里行间，融入女性独特的精神气质和心灵体验。她们对生命过程的阐释，对生存状态的抗争，对人生价值的追求，显示出一种参与社会的责任感。

不读书的女人没有独立的灵魂空间，没有思想的闪现，那无可挑剔的容貌也是黯淡的。而一个正在读书的女人能给人以无限的美感。她们拥有从容的心态，能保持年轻的心境，从而对于年华的逝去无所畏惧。不埋怨环境，也不艳羡别人，让心情一天比一天愉快年轻。读书会使她产生一种情调，一种超越了形体的持久的妆容，一种不会被衰老所剥夺的美丽。它为女人的美丽增添了厚重的文化底蕴和质感。或许美化灵魂有不少途径，阅读是其中易走的、不昂贵的、不需求助他人的捷径。爱读书的女人，生活情趣高尚，很少去叹息、忧郁或无谓地孤独、惆怅。因为她们懂得与其长吁短叹，不如把时间和精力用来读书。

　　读书可以帮助女人不时地清除心灵尘埃，释放压力与重负，经营生活与感情，这种对心灵的滋润可以让女人幸福一生、美丽一生，拥有独特的书香女人味儿。

你为什么要做一个智慧女人

当女人青春逝去，她脸上细碎的皱纹在阳光下几乎无处可藏，犹如凋谢的花朵，失去了昔日的天姿风韵时，青春就像道瞬间的光芒，短暂易逝。而智慧却是恒久不变的，它超越了时空，它的美使人变得深邃、博大。智慧，是女人的另一张永远年轻的面孔，是生命中恒久的化妆品！

你曾穿着牛仔裙在校园里优哉游哉，一说话就脸红；你曾穿着职业套装，坐在办公桌前严厉地批评下属；你曾与心仪的他在夏日的夜晚一起看了场电影，不经意中拉了一次手，结果你幸福了整整一个夏天；你曾在香格里拉酒店陪客户吃自助餐，却莫名其妙地感觉空虚，一时间对一切感到索然无味；成家后的你，把自己奉献给了家庭、事业，被所有的繁杂琐碎困扰着，你给自己的越来越少，到最后你遗失了自己；你抱怨着自己无私地为家庭付出，却换来家庭的裂痕，你早已不知自己的梦想与憧憬去向了何方；你骨子里无法停止对别人经历、生活、拥有的羡慕，这种欲望在内心不断地肆虐，让你力不从心、心生疲惫。

不如听听智者的话语："每个人的生命，都被上苍划上了一道缺口，你不想要，它却如影随形。以前我也痛恨我人生中的缺失，但现在我却能宽心接受，因为我体验到生命中的缺口，仿若我们背上的一根刺，时时提醒我们谦卑，要懂得怜恤。若没有苦难，我们会骄傲，没有沧桑，我们不会以同情心去安慰不幸的人。"人不要习惯于丈量自己的缺失，要生活得豁达一些，想想你所拥有的亲情、友情，拥有的健康，拥有的聪明头脑，你所拥有的绝对要比没有的多很多。现在，你更应该做的是去珍惜你所拥有的一切，而不是一个劲儿地点数着缺失。勇敢地面对挫折，用你的信心和勇气去做个智慧的女人。

智慧，是由善良、宽厚、温柔、坚强、敏感、风趣诸多美德融汇成的一种独特气质。智慧就是一点点从内心雕琢一个人、塑造一个人。它并不是小聪明，也不仅仅是知识；它是一种经验、一种天赋、一种悟性，再加上一分灵气而结成的一块璞玉，越磨越光洁明亮。受高等教育有文化、有知识的女性是知识女性，但却不能说她们都是智慧女人。相反，没有受过高等教育的女性，通过自学知识，从社会中领悟到真谛，并加以创新取得成功的女人，却是智慧女人。知识是传递，智慧则是创新。

智慧女人有善良美好的心灵，有平衡的心理，有宠辱不惊、处变不乱的心态，有较强的领悟力，无论遇到大小问题都能把握分寸，做出明智的抉择。智慧女人外貌不一定很漂亮，却有一种由内而外散发出来的独特气质，周身也散发出一种魅力。智慧女人在学习中不断丰富自己，在吸取经验教训中逐步完善自己。

智慧女人不但拥有睿智的头脑，而且拥有成功的事业、独立的感情和生活状态。智慧女人不是世界上最富有、最有钱的人，却做着比赚钱更有意义的事。她们自我把握得很好，从容自信，周身散发出超然洞明的气质。工作中的智慧女人，表现得游刃有余，她们善于思考、探索，创新；善于在工作学习、总结、运用的良性循环中前行；她们还善于不断调整自己，寻找更适合自己的工作平台、展示自我。一切空间和时间在她们那里，都被发挥得淋漓尽致。

智慧女人更热爱人生、热爱生活，她们在追求幸福的过程中不断地充实生活。生活中的她们，把身心健康、人生魅力列为生命中第一要务，她们深知亚健康状态是女性的最大杀手，她们不想失去工作和生活的能力、失去原有的自信，更不想失去独特的魅力与人生的幸福。运动场所、禅房、大自然里均有智慧女人阳光靓丽的身影。她们深知强身健体可以舒缓紧张、消除烦恼，通过运动让自己的内心平静，达到健身、健美、养心的效果。

那么，如何做智慧女人呢？

1. 通过学习不断地接受新思想、新观念，以防被突飞猛进的时代所淘汰

通过在工作、生活中的学习，要不断地思考，有创新的思想。女人青春美丽的容颜会随着时间的流逝和生活的磨蚀而褪色。要让自己能永远得到人们的欣赏和赞扬，就必须拥有丰富的内涵和极致的韵味，让自己内在的高尚修养和高雅气质来弥补因岁月流逝而带来的不足，只有这样才能从心灵深处源源不断地溢出摄人心魄的魅力。

2. 思想和人格上要独立。女人的生活可以琐碎，但生命应当坚忍

自强、自尊、自爱、自信是做女人的根本。如舒婷的诗

歌《致橡树》中所说的"我必须是你近旁的一株木棉，作为树的形象和你站在一起"。女人要做一株木棉，而不该是一根树藤，只有自己欣赏了自己，才有可能让别人欣赏你。决不要人云亦云，随波逐流。

3. 保持良好的心态，做到心胸坦荡，纯洁无瑕，不要有过多的奢望和贪婪

要热爱生命，学会生活，要常怀宽容和感恩之心，不要怨天尤人相信命运。要用心去营造一个属于自己的平静的生活环境，拥有高雅的爱好和情趣，善于用眼睛发现身边的美，并用心去感受它。

4. 要恪守做人的原则，不违背社会道德，摒弃庸俗

要看清自己的特质，明白自己的所求，去做最适合自己的事情。不要让无聊、平庸的事情来破坏自己平静的生活，在繁华浮躁的世界中，能让自己的心归于平淡。只有这样，才能不辜负上苍赐予我们的多姿多彩的生命。

5. 要培养一些自己的兴趣爱好，起码亲朋好友聚会时不会感到落伍

写下十件自己真心想要做的事或是对自己有助益的事，是否能够实现忽略不计。例如，去海边度假、学弹琴、学画画、写

几本书之类的，然后一件一件地去完成，完成了一项就再补上一项，这样生活永远是充实的。

6. 智慧女人懂得家庭和谐是人生幸福的根基

她是浇灌并培植根基的细心园丁，是在根基上建设美丽大厦的设计师和建筑师。在家庭中，是关爱丈夫的好妻子，不动声色地用技巧帮助丈夫成熟，协助丈夫事业成功。她是子女的好母亲，是他们的第一任老师；她是父母的孝女，是父母夕阳岁月的精神支撑；是亲朋好友中的纽带，传递信息交流感情，促进亲情友情的深化，带给家庭和亲友们更多和谐。

7. 要适当注重容颜保养和穿着打扮

"智者千虑，必有一失"。智慧女人也不是完人，她的人生中也会出现失误和错误，然而这些并不影响她的光彩和美好人生。她注重精神和道德的力量，掌握着得失取舍的分寸，她懂得人生是一盘棋，自己同自己对弈，懂得取舍，有所期待。

智慧女人必备的十种素质

1. 做事不拖拉

惰性，每个人的身上都有，事情不急时，都爱往后一拖再拖。如果时时刻刻想到"现在"就会完成许多事情；如果常想"有一天"或"将来什么时候"再说，就将一事无成。俗话说，"今日事，今日毕"今天可以做的事情就不要拖到明天再做。

2. 不做女强人

"女强人"被人贴上了能干的标签，别人认为她们无所不能，所以女强人很累。"女强人"要求任何事都做得完美，然而这个世界上并没有十全十美的事情，所以一旦不完美，她们就很烦。"女强人"习惯于发号施令，缺少了女人的柔情。"女强人"永远处在紧张忙碌的工作状态之中无法自拔，她们很孤独，正所谓"高处不胜寒"。所以，智慧女人不做"女强人"。

3. 不嫉妒别人

有嫉妒心理的人，往往发生在与她旗鼓相当、能够形成竞争的对手之间。这是一种难以公开的阴暗心理。平时，要注意性格修养，真诚地帮助他人，甚至是对手，这样不但可以克服嫉妒心理，而且更有助于在事业上取得成功。

4. 做自己喜欢的

人的一生短暂而漫长，有很多人把喜欢的事悄悄放在内心深处，然后再加上一把锁，而去做那些自己该做而并不一定喜欢的事。不要成为生活的牺牲品，要努力挤出一部分时间给自己，去做喜欢做的事。

5. 注重礼仪

不耳语，不失声大笑，不侃侃而谈、滔滔不绝，不说长道短、揭人隐私，不情绪低落、大煞风景，不呆若木鸡、木讷肃然，不当众涂脂抹粉，不过分热情也不过分冷淡。

6. 果断与坚持

许多机会都是在犹豫不决中失去的。人需要果断，也需要坚持，果断才能抓住机遇，坚持才能取得成功。光有果断而没有坚持往往属于有思想而无行动，办事往往雷声大雨点小，最后一事无成；光有坚持又不能果断，则属于光会实干而没有灵感的类型，经常会坐失良机，毫无创新可言。

7. 善良宽容

在不可避免发生争吵时，女人要学会主动退让。在这种小事上要学会"弹性"处理。女人能够主动让步，一定会有更宽阔的视野来环顾四周，也能强而有力地面对更复杂的人与事。

8. 会说话办事

怎样做个会说话办事的女人呢？以下几个因素可作为参考依据。一是要清楚对方的身份地位；二要注意观察对方的性格；三通过对方无意中显示出来的态度及姿态，了解他的心理，捕捉到他真实、微妙的想法；四要根据对方的层次修养来把握谈话的风格，做到雅俗共赏，别让人有格格不入的感觉。

9. 拥有积极的心态

无论在任何情况下都应具备的正确心态就是积极的心态。它是由"正面"的性格因素所构成的，如信心、正直、希望、乐观、勇气、进取，等等。女人拥有积极的心态，会令她们说话时的语气、姿态及面部表情发生变化，在举手投足之间尽显迷人个性，更加光亮动人。

10. 放飞梦想

无论如何苦思冥想、苦心谋划着想要有所成就，都绝对代替不了身体力行地去躬身实践，那些没有实际行动的人无论计划制订得如何完美，最终也难免是白日梦一场。有梦想的人，就算不能实现这个梦想，也会因为奋斗的过程而实现特别的价值。有梦想的人，言行举止都与相同处境的人不一样。

智慧女人爱自己

张小娴说："如果你真的没办法不去爱一个不爱你的人，那是因为你还不懂得爱自己。"女人要学会尊重自己、欣赏自己。

从出生的环境到成长历程，从接受各种不同的爱、受的教育，从身边的每一个人到整个社会的影响，都无一例外地执有或高或低的准则。每个人心中都有一些大不相同的这样或那样的准则，它伴随着人的成长而循序渐进。当年岁增长、阅历丰富时，准则也在不断地改善和弥补。行为、语言、思想会被它左右，它是人面对社会、他人的处世态度及人生观。

每个女人心中都有一个准则，女人如何爱自己？女人爱自己，不只是肌肤的保养和容颜的护理，还要多看些书，充实自己，还须培养更多的业余爱好，不断丰富自己。有一句话说得好：爱自己，不是放纵自己，相反是约束，这才是真正地在爱自己。

　　女人爱自己并不等于自私自利，不会爱别人。爱自己的女人，懂得如何完善自己，修炼自己，懂得在任何时候、任何地方都不会为一己私利而自毁人格和尊严，懂得生活的快乐是付出。

　　没有沉鱼落雁的美貌，没有聪颖睿智的头脑，没有魔鬼般的身材……都没有关系，只是请不要忘了，你是独一无二的。如果每个女人都是西施，那谁还会看出西施的美？人生的舞台上，女人可以依靠智慧、品行和修养来弥补先天的不足，来更完善和充实自己。美丽就像一把无形的尺和一杆无形的秤，每个人在上面标示的刻度都不同，任何一个女人都可以成为爱她的那个人心目中的天使。所以，上帝可以不宠我，但我可以宠自己。爱自己的女人富有智慧！

　　那么，女人如何来爱自己呢？

　　1.欣赏自己，提高自己

　　一个女人经历失恋的痛苦、生活的挫折和失败，脆弱的心灵早已伤痕累累，与其苦苦经营感情，不如提高自己的魅力值。在爱别人前，要学会先爱自己。学会在恶劣的状况下保护好自己，不让自己成为他人的附属品。

　　2.不放弃梦想

不为不可知的未来而焦虑企盼，不因对往事惋惜而不能自拔，只知道现在的每一分每一秒才是最重要的，才是能够确定的。不为了爱情而盲目牺牲自己的事业、学业、朋友、亲人等，更不会做一厢情愿的无谓牺牲，不放弃自己的梦想。

3.学会善待自己

在这个多彩多姿的世界上，要好好地生活，活给自己看，也活给爱自己的人看，还活给那些瞧不起自己的人看。生命中所遇到的挫折，是上苍给予的礼物，让你在成长中学会坚强。

4. 懂得安排生活

爱自己的女人会精致地安排一切——生活、事业和爱情；爱自己的女人即使失败，也不会一蹶不振、心灰意懒；爱自己的女人不会因为一时的挫败就蓬头垢面、借酒浇愁地来糟蹋自己；爱自己的女人永远会在每一天精心地装扮自己，即使有泪也只会流给爱她的人看。

5. 能够自律

人的一生总有许多时候没有人督促，没有人监督、叮咛与指导，因为最深爱你的父母和最真诚的朋友也不会永远陪伴着你，拥有的关怀和爱抚都有随时失去的可能。所以，不要自我放纵，要学会勤于律己。

智慧女人事业、家庭二者兼顾

　　女人，自己发展得好与嫁得好哪个重要呢？诸如此类的话题，可能常常会出现。尽管叫喊妇女解放已经很多年，但在现实工作、家庭生活中的实际情况，还不是真正的解放。在外面要打拼，回到家要承担大部分家务，孩子也需要人照顾。而不管多么累，在外受到什么委屈，回到家庭要立即扮起贤妻良母的角色。家庭要全心付出，事业不投入全部的话，也不可能有什么好业绩。人的精力是有限的，家庭、事业二者兼顾的女人，怎个累字了得？能兼顾得好吗？

　　让我们来看两个真实案例：

　　李小姐，30岁。结婚两年多，一直没有要孩子。丈夫长她七岁，她担心丈夫年龄越来越大，对优生优育不利。在外资公司做了三年HR，备受老板的赏识和器重。所以，她希望自己在一两年内能做到高级行政主管。但是，受多方面限制，她总是觉得有些力不从心。于是，她决定给自己充电，去读MBA。但是，如果去上MBA，生孩子的事至少要往后拖三至五年。如果不上MBA，晋升到行政副总就遥遥无期。每天，她工作不安心，读书不专心，生孩子又不甘心。自己的心也不知道究竟应放在哪里了。

王小姐刚到北京时，满脑子都是如何赚钱，怎样让自己与父母生活得更好，为此她把感情抛诸脑后。一心投入工作中，任劳任怨、加班加点地工作，不断地学习总结，奋斗了三年，她得到了老板的赏识。然而，随着时间的流逝，她越来越强烈地希望有老公的呵护、疼爱，想有个小孩在身边围绕。在小王事业达到顶峰的时候，她回到家里孕育宝宝做全职主妇，很多人当时不理解不赞成，觉得她应该更看重自己的前途，为了家为了男人为了孩子不值得这样做。她说："人很多时候要学会选择，要学会放弃，特别是女人，事业固然很重要，但是对家庭的付出，对家庭生活的贡献也是一种事业。这一切并不会阻碍事业继续发展，我会更有动力地支持他去完成工作。"

对每一位职业女性来说，在事业逐渐成熟的时候，也正是为人妻、为人母的时候。事业与家庭的对撞，对女人来说是个必须妥善处理的新问题。面对两难处境或者多重选择时，女人要做出重大决定，往往会顾虑重重、瞻前顾后、拿得起放不下。其实，一个爱家的女人不一定要当家庭主妇，而是能把家作为重心，同时也不放弃在事业上的追求。事业和家庭同样重要，只是在什么阶段怎样去区分怎样去选择更为重要。

女人绝不能失去赚钱的能力，不能选择寄生虫的生活。经济基础决定上层建筑，没有经济基础的女性在家庭中能有地位吗？把精力投入到家庭，会和社会脱节，所以，女人要工作，工作会让女人的人格独立。在男女平等的社会里，女人与男人一样接受教育，凭自己就可以实现经济独立。但处在当今社会，人们生活压力较大，光凭男人支撑一个家庭还不太现实，女人工作可以分担一部分经济上的压力。即使男人可以承担起家庭，智慧女人也不会放弃事业，她相信没有人是永远的依靠，有一份事业，可以保证在失去港湾后还能够独立地生活下去。

工作让女人心情愉快。在家庭之外，能够与同事一起为了达到某个目标而喜悦或是焦虑，这种浓浓的团队氛围是在家庭中体会不到的。工作让女人生活充实，更能充分发挥自身的价值。对于女人来说，拥有一份称心如意的工作，可以平衡事业与家庭的关系、协调女人的情绪、保持女人的身心健康，从而促进家庭的和谐幸福。同时，女人工作，还可以填补生活的空白，还能学习到新的东西。

工作是一种学习的过程，是一种生活技能，是通过培训和教育就能够掌握的技巧。而经营家庭，需要用心，它是一种生活智慧。要家庭的女人，把大部分时间都花费在孩子和家庭上，不但需要智慧谋略，还要有爱心与耐心、温情与责任。经营家庭与工作不同，它不会出现很多短期内能见得到的任何收获，必须等上很长一段时间。工作的你终究有退休的一天，而家庭却是一个从你出生到死都要生活在其中的环境。工作做得好不好，关系着个人价值体现的大小，为社会贡献财富的多少。而家庭生活是否幸福，则关系到生活质量和孩子的未来，更贴近每个人的现实生活状态。女人，要认清自己在每个阶段的位置，在什么时候该做什么事情，什么是最重要的。人的事业是没有顶峰的，也没有极限，一个女人如果到了中年只有自己努力奋斗而来的金钱和地位，没有一个完整和谐的家庭，这难道不是一种遗憾吗？

女人，你究竟是要事业还是家庭？不管怎样，女性一定不要丧失自我，要活出个性的精彩来！如何获得幸福生活，聪明的女人既不会放弃自己的小事业，也不会忽视家庭这个一生的大事业，她会二者兼顾。

智慧女人会赞美

　　赞美，即为称赞，是用语言表达对人或事物优点的喜爱之情。赞美如一粒种子，会在人心里长成自信的大树。一个懂得赞美的女人就是一位辛勤撒播这粒种子的天使。赞美具有一种不可思议的推动力量，对他人的真诚赞美，就像荒漠中的甘泉一样让人心灵滋润。生活中懂得赞美的女人，不但能让别人获得自信，产生奋起的动力，给他人带来好运，同时，她也能获得别人的尊敬。

　　一个经常赞美孩子的母亲，可以创造一个充满快乐的家庭；一个经常赞美学生的老师，一定会赢得全体学生对他无限的依赖；一个经常赞美下级的领导，在下级的心目中，一定是最有威望的。生活中的每一个人，都具有很强的自尊心和荣誉感。别人给他的真诚表扬与赞同，就是对他价值的最好肯定。

而能真诚赞美下属的领导，能使员工们的心灵需求得到满足，并能激发出他们潜在的才能。某大型公司的一个清洁工，是最容易被人看不起、最容易被人忽视的角色，然而，正是这样一个人，却与盗贼进行殊死搏斗，以求保住公司的保险箱。事毕，记者问他当时的动机时，他给了个出人意料的答案。他平静地说："每当经理从我身旁经过时，总会赞美我扫的地真干净。"如此简单的一句话，竟令这个员工受到了感动，并践行着"士为知己者死"的口号。可见，使一个人发挥最大能力的方法，就是赞赏和鼓励。

莎士比亚说："赞美是照在人类心灵上的阳光。没有阳光，我们就不能生长。"适当的赞美，能够使人际关系更和谐。阿谀奉承的话语则会迅速地暴露出一个人的人格与企图，最终导致被人蔑视的局面。可见，奉承话是一把双刃剑，用得巧妙可使人际关系转好，反之则会破坏人际关系。要恰如其分地赞美别人是件很不容易的事。如果称赞不得法，反而会遭到排斥。

在日常交往中，人人需要赞美，人人也喜欢被赞美。如果一个人经常听到真诚的赞美，就会明白自身的价值，有助于增强其自尊心和自信心。特别是当交际双方在认识上、立场上有分歧时，适当的赞美会发生神奇的力量。不仅能化解矛盾，克服差异，更能促进理解，加速沟通。那么，如何做到真诚赞美他人呢？

赞美要遵循如下原则：

1. 对于初次见面的人，不要称赞他的人品或性格，应称赞他过去的成就、行为或所属物等看得见的具体事物

如："你真是个好人"即使是由衷之言，对方也容易怀疑"我和你才第一次见面，你怎么知道我是好人"？

2. 赞美要有根据

即赞美并非无中生有的东西，它是有根据的，切记，赞美与阿谀奉承只有一步之遥。打动人最好的方式就是真诚欣赏和善意的赞许。

3. 赞美要有度，要真诚自然

赞美是真诚，有纯洁的动机，并不是因想从对方那里谋求什么才去赞美的。卡耐基说："如果我们只图从别人那里获得什么，那我们就无法给人一些真诚的赞美，那也就无法真诚地给别人一些快乐。"

4.赞美应尽可能有新意

"喜新厌旧"是人们普遍具有的心理。陈词滥调的赞美，

会让人索然无味。而新颖独特的赞美，则会令人回味无穷。

5.赞美应注意场合与方式

可以将赞美分为当众赞美和个别赞美；从赞美的方式来分，可以将赞美分为直接赞美和间接赞美；如果从赞美的用语上，则可以将赞美分为直言赞美和反语赞美。

6.加强赞美的力度

当对方对你的赞美表现出良好反应时，就要改变一下方式，再次给予赞扬。一句蜻蜓点水式的赞美，可能会被对方认为是恭维或客套话，而对一件事重复赞美，则能提高它的可信度，让对方觉得你是真心实意地赞美他。

总之，赞美也必须讲求技巧，只要运用得法，必能敲开对方的心扉。

智慧女人的二十条理财窍门

现代社会，女性在家庭中的地位不断提高。在她们人格独立的同时，经济地位也开始走向独立。然而，除了努力赚钱之外，为了更好地拥有财务的自主权，就要有一个良好的理财观念来导航。在这里，积少成多尤为重要，也就是"涓涓细流汇成大海"。如果想保证这个大海的水源永远也不干涸，就要有一个良好的水流循环，在源源不断地向其投入海水的同时，也要防止它的过度消耗。这里有二十条小兵法，可为女性朋友的理财把把关。

1. 以钱生钱

"以钱生钱"，在这里的意思是不提倡把钱变成"死"的，而是把它变"活"。可以改变一下以往将它存入银行就保险的顽固念头，不妨尝试把三分之一的存款用来投资，可以买些风险不是很大的基金或者股票，或者去做一些小的风险投资，因为这样做所取得的收益往往要大于存入银行的利息，而且也会给你带来意外的惊喜。

2. 健康投资

年轻的时候，因为工作累出了颈椎病、肩周炎，到老了，这些病痛会成为很大的麻烦。所以，抽出时间去医院做定期检查是必要的。即便没有感觉哪里疼痛，也要做这种检查，防患于未然，就是这个道理。如果不想因为生病而毁了大好前程，就不要对此置若罔闻。身体是自己的，生命也是自己的。同时，也可以考虑买一份医疗保险，为健康做一次投资。

3. 房产小语

当你打算买楼的时候，不妨找一些专业人士咨询一下，寻求他们的帮助。仅凭自己对楼市的认识是远远不够的，房产市场的变数很大，所以在购买时需要谨慎操作。

4. 家居创意

普遍地说，每个女人都有一些恋家，尤其是在温馨家庭中长大的女人。她们喜欢把家布置得更精致温馨而又充满浪漫气息。经常性地给自己换一些家居摆设，调换一下家具的位置，或者购买一些新的家具，都是比较不错的创意。生活中，多一些变化、多一些新意是很好的，当然有些人会认为这与挥霍毫无两样。只要以不浪费为前提条件，适当地改变一下风格，谁又能说这是不实际的生活态度呢？

5. 购物准则

一个女人财商的有无、高低与她的购物态度是有关联的。作为职业女性不应该把时间浪费在鸡毛蒜皮的小事情上。比如，为了几毛钱而和菜贩子在那里讨价还价。同时也不要为了满足虚荣心，而盲目地追求名牌，买一些华而不实的东西。更要切记，只买自己需要的，对于买到手就成古董的东西，还是不要涉足。每次去购物时，要列好一张清单，有针对性地去购物。可以去几家信誉好、时常去的店面逛逛。即便再有钱，也不要一掷千金，花钱如流水，甚至为了面子，去办各种VIP卡，比如健身卡，却从来没有去锻炼，不要暴殄天物。

6. 学习计划

选择好的专业，对于自己将来所从事的工作，以及经济上的回报有着直接的关系。或者更为精确地说，你所选择的专业决定着将来赚钱可能性的大小。

7. 工作习惯

对待工作的态度，也反映了你对待生活、对待人生的态度。好的工作习惯的养成，是至关重要的。工作时间不要经常性地做一些私人事情，比如，聊天、接听私人电话、和同事闲话家常，这些做法都是不成熟的表现，而且也不利于好工作习惯的养成。对待工作要认真，而且要有一个好的观念，就像是存款一样，投入的多，回报的才多，相反的，一味地索取透支，从来不去存储，不去付出，投入与支出一定会失衡。所以，一个有着良好工作习惯的人，也是一个被人赏识的人，更是一个容易被老板提升的人。

8. 乘车方式

每个人都会面临上下班交通工具的选择问题，有的人喜欢乘私家车工作，有的人喜欢打车上下班，有的人喜欢乘地铁，有的人则坐公交。不同的方式会为你节省不同的时间，特别是在拥挤的高峰时间，乘坐地铁要胜过其他方式。选择乘地铁是个明智的选择，因为这不仅节省了时间，而且也避免了乘车的劳累。时间短，效率高。

9. 旅行设计

中国人有个很大的特点，就是跟风。都说"黄金周"旅游比较好，大家就都去游玩。都说节假日期间商场打折，大家都蜂拥而至。或许，商家就是抓住了大家习惯跟风的这一心理，所以会频繁地通过促销、降价来吸引顾客。实际上，都是"羊毛出在羊身上"。所以，请大家避免在这一时期旅行，因为这时的旅行费用是一年中最高的时期。不妨给自己设定一个长期的旅行方案，提前一个月订机票和住宿的地方，这时会有很多的选择，还会有可观的折扣，何乐而不为呢？

10. 社交投入

不可避免的，你会参加一些重要的聚会。这时，会为了购买一件名牌礼服或者相应的珠宝大伤脑筋，不妨去关注一些二手商店。

11. 友情

与朋友保持良好的关系是必要的，抽出时间定期与他们聚会，往往会给你带来一些意外惊喜。

12. 关于娱乐

对于女人来说，如何来打发业余时间，也是一门值得探讨的学问。也许有人会选择去影院观看电影，然而，我要说的是，最好的办法是隔一段时间可以去影院感受一下身临其境的感觉，其他时段不如买一张碟，自己在家里观看，省了许多钱，也有了别样的情调和感受。如果想去泡吧、K歌，不如邀上一些朋友一同去玩儿。对于消费来说，不是一个高得那么离谱，对于气氛来说，也不至于孤单。

13. 饮食建议

对于那些不在家开火的女性朋友来说，我的建议就是，适当地学会在家里就餐。首先，去外面就餐消费很高；其次，并不是每一次都很合口味，而且卫生方面也不过关；再次，少了一些乐趣，自己下厨会有别样的风味，也能体会自己动手丰衣足食的成就感。此外，在购买食物和日常用品时，不提倡零买，而是"整存整取"，因为一起采购要比零买便宜很多。有时，照着菜谱做一些自己感兴趣的菜，会为生活增添很多色彩。

14. 通信开支

如果业务比较繁忙，月消费在千元之上，不妨去选择一些网络的套餐，这会节约起码一半的钱。而且这种业务会不断地推陈出新，可以时常关注一下新的办法。一般情况下，网络运营商推出的政策会日益优惠，不要嫌麻烦，可以随时加入新套餐。也不要以为那些短信很省钱，有时，一个电话就能说得明明白白，何必还要浪费发短信的时间？

15. 数码订制

对于自己需要的商品，无论它的价钱有多么昂贵，也不要吝惜。然而，对于自己并不需要，甚至是可有可无的那些产品来说，就不应该陷入盲目购买的误区。特别是当有一款新的数码产品上市时，你那颗蠢蠢欲动的心又要你上前时，不妨冷静地思考一下，自己有没有必要将手中的产品淘汰。如果已经有数码相机，就不必再买一个"像素高"的手机，因为它的功能对于使用来说，都只是徒劳，也没有起到锦上添花的作用。

16. "面子"开销

女为悦己者容。爱美之心，人皆有之，尤其作为女人，更是如此。在关注服饰的同时，也会花费金钱和精力在自己的面子装扮上。有时，你可能没能力消费一件Dior的衣服，但买一支Dior的口红可以毫不费力。在这里，请注意，并不是越有名气的产品就越好，也不是越贵的产品就越好，而是只有适合你的才是最好的。根据自己的皮肤特质，选择一些适合自己皮肤的产品，会有利于皮肤的保养。

17. 无期投资

由成长历程来看，父母对于子女的投资是无期的、无限量的，不求任何回报的一个极其漫长"不可预知"的投资。每一个婴儿的诞生，都意味着父母花钱计划侧重点的改变。不妨为宝宝买一些实用的保险，例如，健康、教育、意外伤害之类的保险。教育保险里面含有奖学金，对于未来孩子的教育投资，都是无法估算的数字，所以未雨绸缪地选择几种教育保险，孩子将来能够轻松地面对学业也是必要的。

18. 深造投资

回过头来仔细思考一下，你从小到大的人生经历之中，有过多少学习是徒劳的，又有多少关于学习上的花费是你无怨无悔的呢？对于小语种语言、高难度的编程、电脑CAD技术等的学习，工作后的你根本都没有用到。事实证明，这些专业的知识不学为好，因为你所从事的行业用不上这些知识，时间长了，也会逐渐地遗忘。所以，对于自身学习的投资，应该有的放矢，应该有针对性地选择，而不是为了学习而学习，为了提高而提高。

19. 运动投资

近几年，从国外引进了一些时尚的运动方式，例如，瑜伽、合气道、壁球，等等。有许多人会花上近7000元办一张会员卡，再数数真正去参加运动的次数寥寥无几。对于运动者来说，真是高付出，低回报。而对于组办者来说，却是低付出，高回报。在这里，建议你不妨去办一张2000元左右的运动年卡。即使你中途退出也没有太大损失，而且，这里同时有最简单的有氧和无氧运动，同样满足需要，可供选择的课程也有很多。

20. 赡养父母

与抚养子女一样，赡养老人的支出也是无期的，是一笔大的支出，也是不可避免的支出。特别是独生子女比例的不断增加，夫妻二人所要负担的老人有四位，然而，现在的医疗开销却是不可设想的。要把这笔费用留出来，以备不时之需。

第四章

别让心底的梦想搁浅在路上

完成自己的创业梦想

"心若在，梦就在，只不过是从头再来！"如果女人想让自己的人生了无遗憾，如果女人想用自己的双手去创造富裕的生活，那么就应该潇洒地创一次业，发挥你的智慧，实现你的梦想，向世人宣告：当女人不再年轻时，依然大有可为！即使失败又有何妨，毕竟你拼搏过，努力过。

创业，这或许是很多女人年轻时的梦想。是呀，虽然创业意味着挑战、失败，但也意味着成功和财富。试问，有谁不会对成功和财富充满梦想呢？

然而，年轻时的女人，除了一腔创业的激情外，两手空空，一无所有——没有资金，没有经验，没有社会资源……这时，她们往往会动摇自己的信念，直至越来越偏离自己梦想的航线。

等到多年以后，女人靠自己的双手和智慧积累了足够的资金和经验，但创业的激情却早已在不经意间消失得无影无踪，她们常常这样安慰自己："年龄大了，年轻时的梦想未完成，现在想弥补已力不从心，只好安安分分地原地踏步了！"

不可否认，当女人不再年轻时，创业的机会成本巨大。为了创业，她必须放弃已有的地位、权力和报酬。几乎一切都得从头做起，她必须做众多细小的事情，必须忍受创业初期的艰辛和许多的不确定性。一旦创业失败，她所遭受的损失将是巨大的。

每一个人都要为自己所过的生活付出代价。如果你想比大富翁更有钱，你就要准备长期放弃生活的其他乐趣而拼命赚钱；如果你想成为电影明星，你就要准备随时随地面对摄影机而牺牲隐私；如果你想成为女富豪，你就要准备经受创业的艰苦而放弃享受。

正所谓人生能有几回搏，此时不搏何时搏？还犹豫什么，潇洒地创一次业，发挥你的智慧，实现你的梦想，向世人宣告：当女人不再年轻时，依然大有可为！即使最后失败了，但毕竟你拼搏过，努力过。

当女人不再年轻时，创业会比年轻人面临更大的风险和压力。据此，你不妨参照下面的方法去做，或许这些方法并不是你创业必胜的法宝，但至少也可以让你少走些弯路。

1.切忌带着情绪来创业

有不少女性是因为在原来的工作岗位上不开心，感到自己没有得到重用，或者感到自己的才华在原先的团体中得不到施展，所以，萌生了自己创业当一把手，自己对自己负责的念头。这种想法可以起到激励自己的作用，但是，有时候却会造成创业者对市场信号反应不敏感，或者用一种赌博心理做出孤注一掷的决策。

2.准备足够的存款

当女人不再年轻时，多半已经成家，上有父母要赡养，下有儿女要抚育，需要一个稳定的经济来源。而自主创业所面临的风险恰恰不能保证经济来源的稳定，而且在创业初期企业有可能在相当长一段时间内处于亏损状态。所以，在创业前，最好能给家人准备足够的存款，以防万一。

3.慎重选择行业

常言道："女怕嫁错郎，男怕入错行。"在创业时，选择哪行哪业非常重要，你可以参考以下几点建议：

（1）不要赶时髦去跟风。不可否认，当女人不再年轻时，创业稳重有余，冲劲不够，敏感度也往往不如年轻人。因此，创业时不能赶时髦去跟风，而最好选择那些市场空间大并且可以稳定发展的行业。如特色餐饮、教育培训、儿童益智教育，以及关注特殊群体，如老年人、伤残人生活用品及健康服务等。

（2）不要选择强度较高的项目。随着年龄的增长，女人的体能已经开始下降，而创业不仅需要付出大量的脑力、心力，还需要付出大量的体力。特别是在创业初期，各种问题千头万绪，如果没有好的身体，人很容易累倒。所以，创业时，不可以选择强度较高的体力消耗项目。

（3）要有相关的专业技术或技能作为依托。创业者必须有一定的专业技能和管理能力，从自己所熟悉的行业做起，这样才比较容易进入角色，如开化妆品店的人必须了解化妆品，懂得化妆美容知识，甚至本人曾经是化妆美容师；开饭店必须有餐饮从业经历；等等。

（4）要结合以往的资源。所谓资源就是你的工作交往渠道和人脉。无论你是在国企，还是机关事业单位工作，因工作关系，都会有一定的人员交往和业务联系，这就是你的资源。如你曾是国企销售人员，你就可以从事相同或相近的产品经营或代理；如果你是行政管理人员，那么，你一定具有良好的职业素质，有组织能力和管理能力，你就可以从事技术性不太强的各类中介服务、商务代理等方面的工作；如果你有技术但缺乏资金，你可以与他人合作，以技术入股，但入股前一定要明确股权比例和经营方式。

（5）符合自己的喜好或偏好。当女人不再年轻，个性及生活习性基本定型，创业应尽可能在所喜好的领域中选择项目，这样有利于激发你的创业激情。如你对服装有偏好，那么不妨开一家服装店；如你对饮食有研究，你可以开一家特色小吃店。

4.既要有长远眼光，又要权衡眼前的利弊

在企业的初创阶段，如果生意局面好的话，务必要贯彻"先做强再做大"的理念，稳定、巩固、提高、发展，坚持将事业扩大下去，形成一定的规模，不要看到丰厚的利益后，就贪图安逸，不思进取，要牢记"创业容易守业难"的古训。市场经济，正如逆水行舟，不进则退，如果不图发展，势必被市场所淘汰。

如果开局不利，就需要冷静思考，查找原因，如果确实没有机会扭转，切忌一意孤行，应该及时退出，将损失控制在最小范围。对于50万元以下的创业者，在目前的市场中是丝毫没有竞争力可言的，正所谓"船小好掉头"，此时及时撤资，以避免更大的损失。

5.不要着急过老板的瘾

有些创业者在生意走上正轨之后，就认为可以高枕无忧了，开始雇用员工，自己当起了"甩手掌柜"。其实，这种做法并不可取，尤其是10万元以下投资的创业者，更应该在自己的事业中发扬艰苦奋斗的作风。投资创业首先就是实现自我雇用，通过自己的投资，使自己的人力资源同生产资料相结合，达到人财物三者一元化。雇用雇员就相当于放弃了自己的人力资本投资收益，这对于资本极小的创业投资者来说，应该是一笔不小的损失。

6.安排休闲时间

尽管待办事项堆积如山，也要强迫自己星期六或星期日休息一天。在这一天里，你要暂时忘记业务，或和家人出游，或看场电影，或做做运动。而且你的家人和顾客也希望你这样做，因为休假使人心情愉悦、精力充沛、容光焕发，工作反而更有效率。

7.坦然面对失败

人生不可能一帆风顺，在创业的道路上同样会布满荆棘，但失败后并非就是一无所有了，你拥有的是宝贵的经验。如果能够认真总结的话，这些都将在你未来的人生道路中发挥重要作用，成为未来求职中的砝码。

切记："心若在，梦就在，只不过是从头再来！"当女人不再年轻时，就像是来到了人生的中途站，你可以加完油，继续原来的旅程；也可以转换新的航道，开始一段新的旅程，重新创业，迎来生命的第二春。

去你想去的地方

　　"世界就像一本书，不去旅行的人只读到了其中的一页。"所以，当你不再年轻时，不管有多忙，也请别忘了，抽出时间，背上你简单的行囊，到你心仪的地方去旅行。

　　女人天生爱做梦。或许在很小的时候，你便梦想着有朝一日能够游遍大江南北，看尽天下美景。可遗憾的是，那时候有大把的时间，但却没有足够的金钱。而当你为了自己的梦想打拼数年，赚够了足够的金钱时，又为世俗所羁，抽不出时间去实现自己的旅行梦想。

　　或者你会因此而失落，或者你会拿这句话来安慰自己：在科技爆炸的今天，我可以轻易欣赏到各地美景的精彩图片和影像。

　　然而，现代传媒只能起到一个引介的作用，实景的奇妙感觉是只可意会不可言传的，比如，埃及的金字塔被誉为世界第一奇观，但你在图片上看到的只是一个巨大的石堆而已，更深刻的人文内涵无法通过图片来表达；就像现代传媒的出色发挥，只起到一个菜单的作用，更多的美食要等着食客去一一品尝。

正如古代西方哲学家圣奥古斯丁曾说过的："世界就像一本书，不去旅行的人只读到了其中的一页。"一个人走过的路越多，他的生活就越丰富，他的视野就越开阔，他的思想就越深邃，他的胸襟就越宽广，他的生命就越精彩。

正因为如此，古代的文人墨客大都喜欢游历山川名河，喜欢每一个富有人文气息的地方，生命不息，步履不止。"读万卷书，行万里路"。

熟悉的地方，不会再有令你眼前一亮的风景；一成不变的日子里，也不再有令人感动的风物；琐碎的生活中，心底的激情已找不到燃点。因此，当女人不再年轻时，别让自己的脚步停在灰暗喧嚣的城市里，不要让自己的身心禁锢在无休止的工作中，背上你简单的行囊，去心仪的地方旅行。你会发现，世界真的好大，生活可以如此美好。

也许你会抱怨由于时间、金钱所限，不能走遍世界的每一个角落，但是，你完全可以做出一种个性化的、富有魅力的选择。例如，选择那些具有丰富的文化底蕴的历史名城、文化胜迹，像现代文明的发源地伦敦、文化名城巴黎、古典与宗教之城罗马、冰火交汇有如史诗的耶路撒冷、"爱情丰碑"泰姬陵、万里长城……走近这些一生至少应该去一次的人间胜地，你会感受到灵魂的战栗，被现代生活节奏所压抑的心灵也会得到抚慰、安宁和满足。

不过，随着年龄的增长，人的体能和精力都会有所下降，加之长途旅行，生活不规律，身体易疲劳，旅途衣食住行又诸多不便，这些都会给人的身体带来不利，因此，在旅行时应特别注意保健。

1.临行前要体检

你在旅行前应先做一次体检，征得医生同意，方可前往。然后再根据自身的身体状况和病情，选定旅游点，安排旅行日程，能远则远，不能远则近，不要勉强。

2.携带常用药物

除携带平时服用的药物，如降压药、扩血管药及催眠药外，还应备有感冒、腹泻、止痛之类的药物。急救药随身带，以应急需。如果晕车晕船，还应带上防晕药。

3.防止受凉感冒

春季和夏季，一般气候多变，所以，此时去旅游不要减衣物，最好还要带上雨具，以防不测风云使身体受凉。秋天早午晚温差大，应随气候变化增减衣服，防止受凉感冒。

4.避免过度疲劳

乘火车人多拥挤，车厢空气污浊，坐汽车颠簸厉害，会使人倍感疲劳。所以，如果你是长途旅行，最好坐卧铺或飞机，也可分段前往；旅行日程安排宜松不宜紧，活动量不宜过大。游览时，行步宜缓，注意循序渐进；攀山登高时，要量力而行，以免劳累过度。

5.住处舒适安静

旅行会让人感到身心疲累，为快速恢复体力，每天应保证6~8小时的睡眠。同时，住宿条件不求豪华，但求舒适安静，选2~4人间，与陪同人或旅伴在一个房间，便于互相照顾。每晚睡前用热水泡脚，睡时将小腿和脚稍垫高，以防下肢水肿。万不可图便宜省钱住潮湿、阴暗、拥挤、条件差的房间，以免影响睡眠，造成体力不支，或诱发疾病。

有一辆自己的爱车

男人可以自由洒脱、驰骋天下，女人为何不可以呢？拥有一辆自己的爱车，然后选择一个风和日丽、鸟鸣花开的好天气，驾车去那个曾无数次出现在自己梦境中的地方——或许是一个旷野山坡，或许是一个郊外乡村……

其实，女人比男人更需要一辆车。因为女人比男人更喜欢美丽和张扬；拥有一辆属于自己的爱车，还意味着女人经济、性情、思想上的独立。

难怪生活中有不少女人坦言：以前我会梦想开着自己的车，访遍世界的名城、古镇，走走停停，随心所欲且随遇而安。可以沿路欣赏自然风光，还可以随时下车拈花惹草，呼吸风的味道；可以傍在车上看太阳落山，还可以走下车来加入当地的人们，去倾听他们的故事。总之，心到哪里，车就驶向哪里，去自己喜欢的地方，做自己喜欢的事情……

是的，男人可以自由洒脱、驰骋天下，女人为何不可以呢？所以，有经济能力的女人，完全可以自己去买一辆车，可以是名车，也可以是经济实惠的二手车。车不在乎是不是名牌，关键在于它能载你兜风，带你去想去的地方。

第一次买车，如何挑选一辆心仪的爱车？买车不像买衣服，其中要考虑的因素很多，要注意下列事项。

1.事前准备

财务预算：买车除了要付车价外，还有保险费、执照费。如果你选择买新车，财务公司还会要求车主购买全保，若再加上你没有NCB（赔偿折扣），保费会更高。另外，还有燃油费、维修费、轮胎费、机油费等，养一部车的费用也很庞大，买车前一定要计算清楚。

2.选车事项

（1）看车时最好选择白天，以便看清楚车身情况。首先，观察车身表面是否平滑，有没有刮花的痕迹，以及油漆的光亮度；其次，看防撞杆、车门与车体间的间隙是否适宜，缝隙是否过大，再试试车门、行李箱门开关是否顺畅。

（2）察看车厢时，每项设备的运作也应检查一次，特别是电器设备，如冷气、水拨、音响、电折镜、车窗、天窗、头灯、指挥灯、防盗系统等，因为电器是最常发生毛病的地方。

（3）由于大部分汽车的驾驶座主要以男性作为参考标准，当身体较娇小的女性坐上驾驶席，视野会与男性完全不同，所以选购车辆时，一定要亲自坐上驾驶席，看看车头及车后的视野是否够宽阔，盲点大不大，窗柱（A柱）是否阻碍转弯及出路口时的视线，尾窗是否太小看不到车后情况等。

（4）由于东方女性身材一般较为娇小，所以座椅除了可前后移动外，最好还可以调校高度，如果方向盘能伸缩就更好了。

（5）安全设备是女性买车时最易忽略的地方，其实安全设备不一定要很多，但基本的一定要有。例如，女性刹车反应较迟，ABS防车轮锁定制动系统可以加强急停时的稳定性；自动中央门锁，车子激活或踩制动便会自动上锁车门，以防被不法之徒滋扰。

（6）售后服务。女性的汽车机械知识一般较为贫乏，一旦遇到爱车出问题，哪怕是很小的故障也会束手无策。因此买车前最好咨询其他人的意见，了解各汽车品牌的特性，选择可靠的品牌和具备实力的经销商。这样，既可确保维修水平，也可保证合理的工时费、正宗的配件和便利的服务。

3.选择车色

当你买车时，除了考虑品牌、性能、价格和服务之外，也必须选择车色。也许，你在选择颜色时，考虑的仅仅是"我喜欢什么颜色"，又或者完全跟着流行走。

不知你考虑过这样一些问题没有：什么颜色能显示车主的个性？什么颜色能使汽车显得大一些？什么颜色的汽车发生交通事故的概率最小？……其实，汽车的颜色已经不仅仅是一个美观和个人偏好的问题，而是一个颇有说法的问题。

（1）根据车主的个性选择。颜色不仅是汽车的包装和品牌识别的标志，而且还是车主个性的显示，比如，红色能激发欢乐情绪；黄色崇尚大自然本色；蓝色显示豪华气派；白色给人以纯洁、清新、平和的感觉；黑色可以说是一种矛盾的颜色，既代表保守和自尊，又带有新潮和性感；绿色给人带来沉静和谐的气氛；而最近流行的鲜紫和桃红色，又表现出车主的活跃个性。

（2）根据车型选择。颜色的重要性还在于它能在人的视觉上产生一种造型功能。颜色的造型效果取决于其面积、明度、纯度和匹配等因素。对于三维的轿车车身，其形体、质量及色差所造成的这种影响就更为明显，因此要根据车型来选择轿车颜色。明度和纯度高的颜色能使车体显得大一些，因此适用于微型轿车；对于大型和中型轿车来说，采用明度和纯度适中的颜色较适宜；买大型轿车最好选择低明度和低纯度的颜色，因为这类颜色所产生的压缩感使车体看起来较为紧凑和坚实；有时车体丰满的豪华车喷上一两种颜色饰条，可变得"俏丽苗条"起来。

（3）根据安全性选择。选择汽车颜色时，不可忽略安全因素。最新的一项研究表明，浅色系的汽车视认性较好，事故率较低，行车安全性较高。视认性主要与如下因素有关：颜色的进退性，即所谓前进色和后退色。比如，使红、黄、蓝、绿的轿车与观察者保持等距度，在观察者看来，似乎红、黄色轿车要近一些，而蓝、绿色轿车要远一些。因此，红、黄称前进色，蓝、绿称后退色。前进色的视认性较好。

4.女性驾车须知

女性驾车族应在繁忙的生活和工作中保持坦然平静的心态，不要把压力施加给"方向盘"，令神经系统和车速处于紧张状态，否则，容易伤害身体，也容易导致事故的发生。

（1）不要在车窗吊饰物。一些爱美的女性，喜欢在车的前后车窗吊上一排形态各异的"小精灵""小宠物"等，作为一种装饰或作为自己的幸运物。殊不知，这一排玩偶挡住了你观看路况的视线，驾车的安全系数就打了折扣。

（2）不要在驾座上垫活垫。一些女性由于身材娇小，为了垫高身体让自己便于驾驶，就用一个坐垫放在驾驶座上，其实这是危险的做法。因为坐垫是活动的，容易造成驾车者身体不稳，特别是当遇到情况紧急刹车时，会使驾车者因稳不住身体而无法应付紧急情况，造成难以想象的后果。

（3）不要长期放芳香剂。有些女性喜欢在仪表板上摆设芳香剂。长此以往，这种芳香剂挥发出来的气体分子会使车内塑料饰物加速老化，对自身健康不利。

（4）不要戴墨镜。一些女性都喜欢戴墨镜开车，这其实很不好。据研究，墨镜的暗色能延迟眼睛把影像送往大脑的时间，这种视觉延迟又会造成速度感觉失真，使戴墨镜的司机做出错误的判断。

（5）不要穿高跟鞋。鞋跟过高会影响踩离合器、油门踏板和制动踏板的动作。

（6）不要戴尼龙手套。有的女性觉得戴尼龙手套好看，实际上尼龙手套很容易滑手，如果遇到大转弯就更危险了。

（7）不要喋喋不休。开车时讲话30秒，可使心肌耗氧量增加10%左右，所以，开车时不宜多说话。尤其是初开车的女性过多说话，不仅分散注意力，而且容易出意外。所以，即使你在工作中感到十分焦虑烦躁也不要在开车时喋喋不休。

和他一起去看海

　　世界上没有什么地方能比大海更加雄奇、更加深沉、更加宽阔的了。所以，此生，不要忘了，和你的爱人一起去看看大海。自然界中也没有什么比水波声、海涛拍岸声、海鸥鸣叫声……更能使人心情放松的了。所以，如无法亲临海边，可找一张收录这些美好声音的情境音乐磁带或CD，工作完以后，听一听，尽管身处闹市，也宛如身处海边。

　　"大海是蓝的，就像天一样蓝。"女孩认真地说，头微微上扬，好像极目远眺那无尽的蓝色。

　　"对，像天一样蓝！"男孩急忙附和道，"海里的浪花像雪一样白。"男孩边说边把两只小胳膊弯曲起来，来来回回摆动着，模仿波浪的样子。

　　女孩纯真而专注地看着，男孩摆动的胳膊在她的眸子里幻化成了了无边际的大海。

"咱们长大后一块儿去看海好不好？"男孩兴奋得眼睛亮亮的，"海面上有好多海鸥，说不定在海里还能见到海豚呢，让海豚带咱们玩儿！"

女孩略有些紧张："我不会游泳，海豚把咱们带到水深的地方怎么办？"

"不用怕，我和你在一起呢。"男孩紧紧地抓住女孩的手……

是的，世界上没有什么地方比大海更能令人心驰神往的了，自然界中也没有什么比水波声、海涛拍岸声、海鸥鸣叫声更能使人心情放松的了。所以，这一生，如果能在大海边生活，将是一件幸福的事情。如果不能，至少，也要去看看大海，还要带上你的爱人，踏着海浪，临风而立，然后，亲手拾起一枚贝壳，放在橱窗里，留下一段最美好的回忆。

1.准备事项

一般选择在夏季到海边，但由于夏季海边气候多变，因此事先要了解天气状况。选好日子之后，就着手准备当天要带的东西吧。

（1）食物方面：应以水为主，因为夏季往往高温酷热，在海边待上一整天不准备充足的水可不行。主食方面最好是可口、宜携带、不易坏掉的食物，如面包、香肠、罐头、泡菜等，油腻的最好少些，另外可以带些水果，如桃子、李子、梨、苹果等。

（2）药品方面：为做到有备无患，去海边最好带一包创可贴，并带上胃药、清凉油和平时吃的药。

（3）用具方面：除了泳衣、泳镜外，遮阳伞、太阳镜、防晒霜可是海边三大宝，一定要带。另外，还可以带些报纸、塑料布什么的，在海边玩累了把报纸铺在底下，上面铺上塑料布，再把你的浴巾铺在最上面，你就可以听着海浪的声音入睡了。

2.游泳须知

终于看到梦中的大海，你或许会迫不及待地下水游泳，在水中，肆意地挥动四肢，享受那种犹如在空中飞翔的自由感觉……

然而，请别忘了，在看似平静的海里，其实也隐藏着不少安全隐患，所以，你还需特别注意以下几点要求。

（1）到了海边，换好游泳衣后，先喝点儿水，吃点儿东西，不可吃得过饱，八分饱就好，切记下水前不可饮酒，否则会有生命危险。

（2）下水前，稍微活动下全身关节，然后在浅水中浸润皮肤，使身体适应水温，防止下水后突然抽筋。

（3）虽然大海是野外游泳的好场所，但是，海域中水情复杂，常常有暗礁、水草、淤泥和漩流，稍有大意，就可能发生意外。因此，在下水之前一定要在当地搞好调查研究，做到心中有数，尽可能地远离水草、暗礁、漩流和淤泥。

（4）不管你的水性有多好，最好多人一起下水，同伴中至少有一人带一只救生圈，以防万一。同时，最好不要往深海区游，因为海和游泳池不同，海有潮涨潮落之分，一旦涨潮，你离海边距离太远，体力消耗过大，极其危险。

（5）在水中不要过分嬉戏，以防呛水；也不要攀登礁石，以免被牡蛎划伤。如果身边东西被水流带走，追不上就千万别追，以免遭遇暗流。

（6）请维护海水及沙滩的清洁卫生，注意公共道德。

（7）如果不慎发生意外，切记不要慌张，要冷静地处置以脱身。如果游泳时被水草缠住，要冷静地深呼一口气，努力保持身体的平衡，再慢慢地从原路解脱。

（8）游完泳后，你要马上清洁皮肤，并用毛巾擦干身体。千万别搓澡，因为经海水泡过的皮肤很脆弱，稍不注意就会被弄破，只需用沐浴乳洗一下就行了。

3.注意防晒

海边的阳光辐射是非常厉害的，所以，当你在海边尽情地游玩时，别忽略了要对肌肤做好防晒工作。

（1）选用具有一定SPF值的防晒产品，平时防晒只要用防晒系数为SPF20／PA＋＋的防晒用品即可，但在海滩或是在正午时分泡温泉的话，防晒系数至少要达到SPF30／PA＋＋＋。敏感性肌肤最好挑选含有天然植物配方的防晒品，否则，容易引起过敏反应。不要选用过于丰润的防晒用品，假如不易抹匀也就难以发挥理想的防晒功效，甚至还会影响肌肤的自由代谢及呼吸。

（2）在日晒之前将防晒品涂抹在整个裸露的身体上，最好在出门前半小时就准备好，这样防晒品的效果会发挥得更好。在游泳或大量出汗后别忘了重复补涂产品。

（3）鼻子和颧骨是脸部最突出的部位，也最容易晒黑，因而是防晒重点。耳朵上方、脸的侧面和脖子等位置都要擦上防晒隔离霜。这可是最容易被忽视的防晒部位，恰恰也是最容易被皮肤癌找上的突破口。

（4）"日晒伤"的发生概率与紫外线强弱、照射时间以及个体体质差异有关。上午10点到下午3点是紫外线照射最强烈的阶段，此时更要预防日晒过度，同时做好充足的防晒护理，除了涂好防晒品外，太阳镜、遮阳伞等都是必要的。

（5）准备去海边度长假的话，最好事先做个适度的热身运动。比如，穿上吊带衫和运动裤逛逛街、跑跑步，让平日很少裸露在外的肌肤接受30~60分钟的阳光"洗礼"。这样既可以使肌肤逐渐适应阳光的照射刺激，还能激发肌肤自身的防护能力，远离"日晒伤"。

看一次日出的壮丽景观

看日出需要等待，等待那蓬勃欲出的一刻。如一粒种子在黑暗中酝酿、挣扎，以至毅然地长出嫩芽，旭日也同样需要经历很久的奋斗、摸索，才能最终一跃而出地平线，将黑夜化为黎明。

当一个女人还处于"为赋新词强说愁"的少女时代时，往往只爱感伤地看夕阳沉下去。唯有真正成熟了始知日出的诗意是丝毫不比日落逊色的。因为如一粒种子在黑暗中酝酿、挣扎，以至毅然地长出嫩芽；又如毛虫在艰辛复杂的过程中蜕变为蝴蝶，太阳也同样经历很久的奋斗、摸索，才能最终一跃而出地平线，将黑夜化为黎明。

事实上，日出除了具有可与日落相媲美的诗意外，更具有令人叹为观止的壮丽：随着旭日发出的第一缕曙光撕破黎明前的黑暗，东方的天幕由漆黑而逐渐转为鱼肚白、红色，直至耀眼的金黄，喷射出万道霞光，最后，一轮火球跃出水面，腾空而起，整个过程就像一个技艺高超的魔术师，在瞬息间变幻出千万种多姿多彩的画面，又怎能不令人叹为观止呢？

然而，生活在高楼林立的都市女人，有过多少观看日出，沐浴晨曦的体验呢？

或许只有寥寥几次吧，比如，某个刚下火车的早晨，或偶尔登山观景之时。而更多的人或许一次都没有！每当那个时刻，我们无不蜷缩在被子里，蒙头大睡……即使偶尔起大早，忽萌看日出的念头，又能怎样呢？高楼大厦夺走了地平线，都市的晨曦不知从何时起，早已变了质——灰蒙蒙的尘埃，空气中老有黏黏糊糊的感觉，老有挥之不散的汽油味儿……

曾经有人如此断言："从没有看过日出的人，实在是枉过此生了。"既然在都市中没有机会实现自己看一次日出的梦想，那不如趁某一个闲下来的周末，放下身边的一切凡尘俗事，背起行囊出发吧，去感受日出的诗意和壮观，去感受大自然的美妙和伟大。

在此为你推荐几个看日出的好地方：

第一选择：东极岛第一缕阳光

位于浙江舟山的东极岛，是中国最东的地方，因千禧年第一缕阳光而闻名。自从被发现后，这里就成了观看日出最理想的地方之一。

东极岛的日出之所以特别，不是因为它比别处海上日出更壮观，也不是因为它比别处云端日出更多变。只是这里的第一缕阳光，也是照在中国大地上的第一缕阳光，因此，有着不同寻常的意义。

第二选择：泰山赏日出奇观

泰山日出历来是文人墨客赋诗、撰文盛赞的景观。每个去泰山旅游的人，都会把观玉皇顶日出当作游泰山必不可少的项目。因为泰山是五岳之首，也是中国人文历史景观与自然风光结合得最紧密的地方。在泰山看日出，不仅是风光之美，更胜在人文气息。

到泰山观日出另有一个好处，就是看完日出下山后，还可以到离泰山不远的岱庙去逛逛。岱庙可是泰山的主庙，中国古代很多帝王都在这里进行封禅活动，说不定你足下的砖正是汉武帝或武则天踩过的地方。泰山的豆腐宴和野菜宴更是历史悠久，不可不尝。

第三选择：成山头"好望角"叹日

山东威海的成山头，又名"天尽头"，有人称这里为"中国好望角"。在古代，成山头被认为是日神所居的地方，姜太公在此修日主祠，秦始皇两次驾临此地，拜祭日主。在日神居住的地方看日出，感受当然不同。

第四选择：庐山远望长江日出

"不识庐山真面目，只缘身在此山中。"一直以来，江西庐山都是休闲旅游的好地方。在庐山东谷的含鄱岭中段，有一处含鄱口，站在这里向东望去，可以看到鄱阳湖无边无际的景观，再远望，江天一色，就像天空中画上了一条白线。庐山刚好在含鄱口开出一个缺口，将鄱阳湖与长江的景观尽收眼底，是观看日出的独特之地。

第五选择：西岳东峰同祈福

"西岳"华山素以险峻著称，刚好与日出的壮丽恰到好处地融合在一起，故"西岳"日出比其他地方的日出景观更有特色。

不过，还需注意的是，由于平时在华山看日出的游客往往是晚上登山，很多游客甚至就在山坡上打个盹儿，特别危险。建议最好在白天登山，可以在观华山日出的最佳地点华山东峰(亦称朝阳峰)附近的旅馆住一晚。

第六选择：峨眉金顶迎曙光

峨眉山是中国的佛教名山，遍布山中的尽是名寺古刹，可以说处处有典故，遍地是胜景。峨眉金顶更是以云海、日出、佛光、神灯四景而闻名。在峨眉佛国观赏日出，在禅音瑞气之中迎来一片光芒，可以起到洗涤心灵的作用。如果运气好的话，这四种景观还可同时遇到。如果你喜爱滑雪，还可以在山顶的滑雪场滑雪。

由于峨眉山路悠长，登金顶时，如果不乘坐缆车，山路还是比较险的，要特别注意安全。

第七选择：黄山自在观日

"黄山归来不看岳"。黄山是"八百里内形成一片峰之海，更有云海缭绕之"的奇山，所以在这里既能看到"群峰拱日"的美景，又能欣赏"云海日出"的斑斓。

但要想看到这两种景色，必须选择好最为理想的地点和时间，才能如愿以偿，一饱眼福。一般说来，应立于地势高旷向东之处，这样视野宽阔，可以看到或拍摄到太阳跃出地平线或云海的瞬间情景。

黄山看日出最为理想的地点是曙光亭、清凉台、狮子峰、丹霞峰、始信峰、棋石峰、贡阳山、光明顶、白鹅岭、石笋峰、玉屏峰、莲花峰、天都峰等处。最为理想的时间是：春季早晨5时30分~6时，夏季早晨4时40分~5时10分，秋季早晨4时50分~6时20分，冬季早晨5时30分~6时。

最后，需要提醒的是，日出的那一刻总是稍纵即逝，请你一定要静心等待！大文豪马克·吐温曾在阿尔卑斯山因屡屡错过观日出而悔恨不已，因为日出的时候，他不是睡过了头，就是站错了地方。

所以，当你顺利抵达自己所选择的看日出的地方后，一定要静心等待，在长久地等待和瞬间的辉煌出现的一刹那，你会深深地领悟到：人生的际遇也是如此。

第五章

心中有爱，容颜不老

给自己多一份关心，多一份爱

在人生的旅途中没有人可以陪伴你走完一生，除了你自己！因此，女人一定要学会爱自己，只有这样，生活才会多一分信心与勇气，少一份无奈与孤独。但爱自己绝非是苟且放纵，孤芳自赏。看那深谷的幽兰，即便无人采摘，甚至看不见自己水中的倒影，它亦会开出最美的花，弥漫最幽雅的清香，千百年来，花开花落，悠然自得……

女人的爱是无私的，无私到可以为家庭、为社会、为他人付出自己的全部：作为职业女性，她整日为工作而忙碌；作为家庭主妇，她天天为生活而操劳；作为女儿，她肩挑责任，陪伴双亲，安抚老人；作为母亲，她饱蘸心血，如痴如醉地诠释着母爱……

在这无怨无悔的付出中，岁月一天天流逝，不知道什么时候女人的身材开始变得臃肿，容颜不再焕发，脸上有了暗斑，眼角有了皱纹，双手也开始变得粗糙，而且在言语上也开始没有了顾忌，有时候会为了孩子不听话或者鸡毛蒜皮的小事情而唠叨不已……

终于有一天，女人发现爱人注视自己的目光越来越少，而且又听到外面的风言风语，才恍然明白：在人生的旅途中没有人可以陪伴你走完一生，除了你自己！因此，女人千万不要无私地把爱全部都放在别人身上，这样看似成了好女人，但最终只会苦了自己，而应该拿出一点点时间来爱自己，爱自己的容颜，也要爱自己的身体，唯其如此，生活才能多一分信心与勇气，少一份无奈与孤独。

女人要学会爱自己，必须要先了解自己、相信自己，而没有必要过于自谦。过于自谦，会让人不自信，会让人越来越自卑，越来越畏缩。因此，女人要勇于打破中国人自谦的习惯，不论自己活得伟大还是渺小，你都要相信，你是唯一的，你是一个有价值、值得爱的人；也不论别人怎么看你，你都要骄傲地挺胸抬头往前走，以自己特有的姿态去赢得世人注视的目光。这样你就会觉得自己是那样地受到上天的恩宠，是那样幸福地生活在这个世界上。这是一种开放的心境，更是你快乐的起点。具有这样心境的女人，对生活、环境、周围的人，就会自然流露喜悦之情，感动自己，影响他人。

　　女人要学会爱自己，就应该懂得欣赏自己的外表。女人常常通过文学影视作品中的人物来审视自己，通过现实周围的人士来对照自己，并且总是在望洋兴叹式的感慨之中，盲目地东施效颦，或消极地自惭形秽，而很少主动地欣赏自己。其实，世界上没有哪个人是完美的。正因为不完美，生命才会生出许多个性、许多特点，才会如此多姿多彩。生活中我们常常能够看到，即使一个长相平凡、身材普通的女人，即便她没有令人艳羡的美貌，没有一眼看上去动人心魄的性感，她却可能会有善良的心地、温柔的性情、聪慧的心智、磁性的声音，感染你，甚至打动你。其实，视觉上的美丽熟悉之后会变得平淡，感受上的美好却会日益长久。所以，不论自己长得美还是丑，女人都无须与别人进行比较，要看到自己的美丽，要发觉自己身上比别人美丽的地方，并大大方方地展示给别人，哪怕这个美丽只是不起眼儿的眉毛、耳廓、手指、头发，保养得干净细腻的皮肤，只有这样，你才有勇气与人交际，才会真心地爱自己。

　　女人要学会爱自己，就要从一点一滴的细微处呵护自己，做瑜伽修身养性，做香熏SPA调理自身，做面膜保养皮肤，做头发散发自信，做指甲拈花微笑……生活中的这些细节你是不是因为忙碌而轻易忽略了？难怪你整个人都变得疲倦和憔悴起来。为了爱自己，从现在起就重新将它们捡拾回来吧，在钢筋水泥的都市森林里做一个爱自己的靓丽女人。

女人爱自己，不仅仅是爱自己的外表，还应该让自己的头脑也丰富起来：到大自然中去，让心感受年轻时的浪漫；到图书馆去，汲取丰富的知识，世界之窗不仅仅为男人开启……只有这样，你才能永远拥有爱。千万不要等到老了以后才发现，自己不知在什么时候已被丢掉；也不要在男人抛弃你的时候才发现自己真的已衰老；更不要到孩子问起他们想问的东西而妈妈什么都不知道时，才后悔自己曾经的知识都已经忘掉。

女人要学会爱自己，也要学会接纳自己、原谅自己。印度的奥修说："学习如何原谅自己。不要太无情，不要反对自己。那么你会像一朵花，在开放的过程中，将吸引别的花朵。石头吸引石头，花朵吸引花朵。如此一来，会有一种优雅的、美妙的、充满祝福的关系存在。如果你能够寻得这样的关系，那将升华为虔诚的祈祷、极致的喜乐，透过这样的爱，你将领悟到神性。"

女人要学会爱自己，就千万不能放弃自己。女人在结婚以后，往往会为了爱丈夫和孩子，放弃自己的爱好，放弃自己的朋友，放弃自己的事业，放弃一次次能让自己发展的机会……于是，丈夫在进步，孩子在进步，女人则在退步，当距离拉大的时候，女人的爱，女人的家还能继续朝前走多远？当然，这并不是说女人不应该为爱付出，但女人在选择为了爱而放弃的时候，记住，千万别放弃自己，保持自己的美丽，丰富自己的知识，给自己一个发展的空间，让自己也和丈夫和孩子一起成长，共同进步，携手创造明天，这样的爱才牢固。

女人要学会爱自己，就要多给自己美好的憧憬。在人生路途发生巨大转折的时候，在最痛楚最无助最孤独最无援的时候，在必须自己独自走夜路的时候，在必须独自承担压力的时候——女人应该给自己一个灿烂的笑容，给自己一个美好的憧憬，坚信在那遥远的灯火阑珊处，必然有一个"他"会向我们招手。唯有如此，我们才能走过月光如水、鸟语如歌的朝朝暮暮，寻找到属于自己的蓝天与白云。或许有人会说这是一种自我欺骗，但如果这样可以使我们的生活充满希望、溢满幸福，自我欺骗一下又何尝不好呢？

女人，抽点儿时间出来做你喜欢做的事情，这也是爱自己的一个方式。也许在求学时代，你有一些美丽的梦想，那么现在就给自己一些空间和时间，去实现它们吧，这样你会很快乐，很幸福。比如，你喜欢忙碌，当有一天你的作品变成了铅字，大家喜欢看你文章的时候，不管你多么老，不管你是不是还在厨房忙碌，在人们的心中你都是美丽的，在你的心中，你也会觉得自己是可爱的。即使你成不了什么大作家，一辈子也出不了名，最起码你做了一件自己喜欢做的事情，而且在做的时候，你是快乐的。

就像人们常说的："爱你的人如同爱你自己。假使你不爱自己，又怎么爱别人呢？"的确，女人可以无私到爱任何人，但一定要先学会真心地爱自己，因为不论你对谁付出，都有可能血本无归，把一颗心伤得七零八落。而唯有对自己，你的任何一滴汗水都不会白流，你的任何一次努力都会在你的成长史上留下痕迹，或者历练你的性情，或者增加你安身立命的砝码。

当然，爱自己绝非是苟且放纵，孤芳自赏。看那春寒料峭中的冰凌花，它从来不被人像牡丹那样地宠爱，而它仍旧义无反顾地迎着寒风倔强地开着；看那深谷的幽兰，即便无人采摘，甚至看不见自己水中的倒影，它亦会开出最美的花，弥漫最幽雅的清香，千百年来，花开花落，悠然自得……

留一份爱给父母

　　在生命的历程里，总有一份感动令人难以释怀；在岁月的长河中，总有父母的关爱长存心间。当我们由一株幼苗长成参天大树，父母已然老去，那么，回家陪陪父母吧。在除夕夜，在新年钟声敲响的那一刻，哪怕是一句简单的问候，哪怕是一个亲切的眼神，哪怕是一份小小的关怀，哪怕是帮父母捶捶肩、洗洗碗……也会让他们备感欣慰。

　　当你失败而归时，是谁语重心长不厌其烦地安慰你？当天气转凉时，是谁不厌其烦地叮嘱你："多加件衣服，小心着凉！"当你面对着整桌的美味佳肴时，又是谁把最好吃的东西全往你碗里夹？是我们的父母亲啊！他们扛起了所有的痛苦和不平，却用坚实的肩膀、宽厚的胸膛，为他们心中最珍贵的孩子开辟了一块充满阳光的土地。

可这些常常被我们所忽略——我们会嫌父母唠叨，会认为他们一切还好，会以自己工作繁忙、劳累为借口不回去，慢慢地我们竟然可以在这么久的时间里不去想念他们，看望他们。

殊不知，家中的父母该是怎样担心和牵挂子女的近况啊！但为了我们工作安心、顺利、家庭幸福，他们把对子女深深的思念和这小小的愿望深深埋在心底，把对子女的牵挂化成嘴边的叮咛，只在那遥远的故乡，安静的老屋里，扶着门框，默默祈盼着远方儿女的平安……却全不顾自身日复一日衰老的无助。

"树欲静而风不止，子欲养而亲不待！"让我们分一点点爱给自己的父母吧，也许是一处豪宅，也许是一片砖瓦；也许是一件新衣，也许是一双鞋垫；也许是听他们回忆以前的事，也许是听他们的唠叨……这其实也是一种幸福，因为我们拥有父母，拥有深爱我们的父母，拥有对我们无所求的父母。千万不要等到父母不在了，我们和这世界的唯一根系被斩断了，像一只断了线的风筝，孤零零地飘在无人牵挂的天空，无法回家时，才后悔当初的所作所为。

1.节假日尽量与父母团聚

年老的父母总是希望亲人常在身边，渴望在子女的孝敬中延年益寿，安度晚年。然而，子女们总是喜欢把目光投向远方，渴望都市的繁华，渴望那里的快节奏和高质量，希望能够融入那边，并且为自己孩子的将来做好一个铺垫。

　　"天意怜幽草，人间重晚情"，"每逢佳节倍思亲"。因此，子女在双休日、节假日应尽量回家与父母在一起团聚，一起说说话，陪父母走走，逛逛，转转，让父母在浓浓的亲情中安享晚年。没有时间回家，身在外地时，也应打个电话向父母说声祝福，往往一个电话，一封信，一声问候就会温暖、滋润父母的心。

　　2.排解父母精神世界的孤独

　　老年人对精神的需求远远大于对物质的需求。然而，身为子女，我们却把所有的时间都丢给了朋友、工作和娱乐，很少去关心自己的父母。

　　难道，父母对我们已经不再重要了吗？难道，一个人的生活中有了朋友的爱就已经足够了吗？父母老了，他们渴望子女的爱和陪伴！

　　所以，做子女的除了应该在物质上给父母以帮助外，更应该从精神上关心父母，比如，时常抽空陪父母谈谈心，谈谈生活和工作中所遇到的趣事，谈谈相互之间的感受和体验……使他们时时感受到来自子女的爱，这是使老年人晚年幸福的重要形式。

需注意，和父母谈心时，不要使用"懒得跟你们说清楚"的含糊表达方式，也不要用"反正你也不会答应"的直接拒绝沟通的方式，更不要用"我既然说了就算数"的强迫父母答应的方式。

此外，别把父母当局外人，应向他们介绍自己的朋友、同事。有空儿时，不要总是和朋友或同事到外面玩，不妨约他们到家里聊天聚会，一来能制造更多的机会与父母相互沟通，增进了解；二来也是为了有更多的时间陪伴父母，排解父母精神世界的孤独。

3.用实际行动关爱父母

爱自己的父母，要体现在言行上，要体现在日常生活的点点滴滴中。如按时给父母寄生活费；当父母操持家务时，自己应主动参与并请父母休息一下；当父母外出时，应提醒父母是否遗忘东西或注意天气变化；当父母生病时，应主动照护，多说宽慰话等；当父母因年迈不能料理自己的时候，他们可能会大小便失禁，请不要嫌弃他们，而要怀着角色互换的心情去帮他们清理，并定期帮他们洗身体，因为纵使他们自己洗也可能洗不干净。如果确实脱不开身，一定要请专门的保姆加以照料。

有一点需要注意的，就是爱父母的形式必须考虑父母的需要，不要用自己认为好但父母可能并不喜欢的方式爱他们。比如有的人平时不关心父母，突然给父母送去两张出国旅游机票，以为父母一定会欣喜若狂。但大多数父母对这种事情并不感兴趣，他们宁愿儿女能经常来看看他们，或者给他们写封信、打个电话。

4.为父母献上生日的祝福

我们都把自己的生日记得很清楚，但是否把父母的生日也记得同样清楚呢？

"谁言寸草心，报得三春晖。"让我们尽自己最大的努力向平凡而伟大的父母献一份爱意吧，在父母生日那天，不管自己有多忙，也要记得给他们一个热情的拥抱、一张甜甜的笑脸、一句温馨的祝福、一束最美的康乃馨……虽然这些都很平常，微不足道，但对于父母来说，却不是一般的意义，他们觉得自己的子女长大了，懂得体贴、关心父母了。这就是他们最大的安慰。

5.对父母的爱要"藏"起一半

对父母的爱也同样需要"藏"起一半，也不要"溺爱"。在他们还有劳动能力的时候，如果他们愿意，子女应鼓励父母继续参加力所能及的社会工作，或给他们提供一些帮助照料子女的机会，时时使他们感觉自己有用。人最怕的是感觉自己没有用。因此，让父母感觉自己有用，是爱父母的重要方式。

6.包容父母的错误

父母的爱是那样宽厚、博大，他们可以容忍子女所犯的一切错误。将心比心，如果父母错了，身为子女也不要顶撞、争辩，而是等父母的心情稍好一些时，再心平气和地做解释和说明，以减轻父母的负疚心理。

万不可以父母的过错为把柄，时不时地揭出来，让他们难堪。要知道人老了，会慢慢与社会脱节，社会在进步，父母的思想不再进步，父母可能会做些在他看来是正确但实际上已经不能适应当前社会的事情。更何况天下原本就无不是之父母。

7.善意看待父母的唠叨

如果我们留心一下周围的生活，都会听到不少人这样议论：

"我家里人真是啰里啰唆，我干了点儿不对的事，就唠叨个没完没了，真是烦死了。"

"我爸妈什么事都要管一管。一会儿这样，一会儿那样，连我的零花钱怎样花也要过问，真讨厌！"

爱唠叨的父母的确有。当然，大多数人都不喜欢听父母唠唠叨叨。但是，你是否认真想过，父母为什么爱唠叨呢？

　　在父母眼中，子女永远是孩子，是孩子父母就希望他们成龙成凤，成为十全十美的人。因此，绝大多数父母都会对子女的言行发表自己的见解，这便是子女眼中的啰唆和唠叨。再加上"树老根多，人老话多"，老人最感日月如梭，光阴似箭，因而有许多回忆和感慨需要倾诉，并且言之不尽，不厌其烦。同时，由于老人深居简出，社交能力降低，渐渐地便有些寂寞之感，说话难免重复和乏味。

　　因此，当父母唠叨时，作为子女，不能摆出一副不耐烦的样子，更不要自顾走开不理，那其实是对父母的一种伤害，而应该耐心地听完。也许有时候他们的说教有些偏激，甚至伤了我们的自尊，但那是他们的爱；也许有时的确是他们不对，但为了面子他们会不认错，我们就体谅一下；也许有时他们真的不懂我们的心，但那不过是"代沟"，怪不得他们啊！

　　古语有云："不听老人言，吃亏在眼前。"父母的唠叨就像一根线，儿女就如线上的风筝。这些看似多余的唠叨，其实正是父母阅历的积淀和思想的结晶，让子女在今后的人生路上少一些风雨，少一些挫折。

勇敢追求，抓住幸福

　　爱情对女人来说犹如玫瑰，娇艳欲滴，使你想去采撷却又不敢轻举妄动，怕玫瑰的刺划破双手，疼痛让你揪心。然而，不去采撷，怎能得到玫瑰的芬芳？不去尝试，又怎知爱情的美妙？因此，女人对爱情没有必要太过矜持，而应该主动去寻觅，勇敢去追求，才能抓住一生的幸福。

　　岁月如歌，斗转星移，当女人不再年轻时，眼看着周围的同学、密友、同事一个个心满意足地出嫁了，而外貌、学历、能力、素质一样也不差的你却依然孑然一身，步入了"大龄单身"的行列，难免多了几分感慨、几分惆怅。尤其是晚上下班回到家，偌大的房间空空荡荡。每当这个时候，更是好想当个可以撒娇可以依偎在男友怀里的小女人，好想，好想……

　　哥德说："青年男子谁个不善钟情？妙龄女人谁个不善怀春？这是我们人性中的至圣至神。"渴望一份美好的爱情是所有女人的共同心愿，但爱情不会从天而降，聪明的女人绝对不会消极地等待着心上人的出现，因为她们知道，那样做的结果往往是有情人难成眷属：有擦身而过的命运捉弄，有机会光顾时的不解风情，最无奈最痛苦的莫过于两个人彼此喜欢并且苦苦等待，最后却还是分离单飞，带着满怀的不舍和永远的遗憾……

正因为如此，她们会低下自己"高贵"的头颅，主动出击去寻觅那迟迟未来的爱情。至于最终能不能获得爱情，却并不是最重要的，至少她已经尽力了，而且享受到了在追求爱情过程中的乐趣。

1.不要太苛求

有些女人因自己容貌姣好，文化素质较高，工作能力较强，于是便过分追求完美，有一种"宁缺毋滥"的求全心理。在她们心目中，自己的白马王子，应当有高仓健的外形、琼瑶小说中男主人公的浪漫。所以，她们总在"货比三家"，用天平称来称去，如果对方的学历、身材、相貌和经济条件等不符合自己要求的话，则坚决不嫁，以至失去了许多婚恋机会。

翻译巨匠傅雷指出："对终身伴侣的要求，正如对人生一切的要求一样不能太苛刻。"是的，现实中的完美是相对的，小说中的人物是虚构的，即使自己也不是完美无缺的。女人的外在美，就像春花一样，迟早要凋落。过了30岁的大龄女性已步入征婚的困难群体，如果在这种状态下还坚持20岁的标准，成功的可能性会大大下降。

所以，你应该试着把焦点从了解"条件"转到了解"人"上，你会发现，也许符合你机械的"条件"的人不多，但是，当你有足够的耐心去了解一个人时，适合你的人其实很多。

2.摒弃自卑心理

有些女人认为，年过三十还独守闺房是件不光彩的事，于是，她们便产生了自卑心理，认为自己一无是处，今生今世都与爱情无缘了。但是，这种自卑心又常常被她们的自尊心所掩盖，有时会故意在众人面前表现出一副对自己的婚恋无所谓的姿态，使自己变得格外"清高"，让相当一部分对她们感兴趣的男性望而却步。

加上朋友家人都很关心她们的婚姻大事，聚会时难免很热心，这让她们感到尴尬，极力逃避这种场合，甚至不再愿意与同学、同事或朋友来往，将自己关在个人的小天地里，这样就大大减少了本来就不多的邂逅爱情的机会。

其实，爱情是两个人之间的双向选择，如果按兵不动，双向成了单向，岂不是一下少了一半的机会？所以，你应该摒弃自卑心理，主动参加一些能与异性交往的社交活动，给自己创造机会。面对别人的热心介绍，应该打消顾虑，去掉包袱，自然坦率地接受。

3.敞开心扉去爱

有些"落单"的女人经历过爱情的失败，于是，她们便开始不再相信爱情，并开始紧闭心扉，不再轻易向异性开启。即使真情男子到来，也会"十叩九不开"。

失败是成功之母。没有经历过失败的人怎能珍惜成功？没有经历过失恋的痛苦过程怎么能珍重爱情？

因此，请记住泰戈尔的名言："相信爱情，即使它给你带来悲哀也要相信爱情。"从现在起，敞开自己的心扉去爱，同时，不妨把自己过去恋爱的失败当成财富，对照做一下反省，了解自己在恋爱方面的缺陷，然后通过学习提高自己的认识和能力，比如，提高自己对异性的了解，提高自己的交往、沟通能力，相信你很快就可以找到本该属于自己的另一半。万不可因为一次小小的失败经历而影响自己的一生，毕竟以后的人生路还有很长。

4.克服恐惧心理

　　一些女人耳闻目睹过父母离异、家庭暴力、朋友大吐婚姻苦水等事情，对婚姻充满恐惧。虽然很想和所爱的人白头偕老，又担心世事难料，甚至断定"婚姻是爱情的坟墓"，变得患得患失，所以一直到30多岁还未嫁。

　　其实，婚姻不是爱情的结束，而是新的开始，是一个用自己的智慧和修养，把对未来的设想转变为现实的过程。说到底，婚姻是一个围城，城外的人进去了，只要善于耕耘，围城内也可以变成一个让人乐不思蜀的家园。因此，只要打消顾虑，克服心理障碍，就一定能够获得真挚、稳定的爱情。

　　5.一定要慎重、理智

　　许多女人还是不相信晚婚和不婚都可以是一种成熟的选择。生理时钟的催促、社会压力、惧做高龄产妇等因素，都会让人为了打破单身状态，采取随大溜儿的做法，草率地找个人凑合结婚完事。最荒谬的是，甚至有人这样说："即使结婚一个星期就离婚，也非得结一次婚不可。"

　　真正的爱情是不会因为你的年龄来决定你的幸福的。如果因为年龄没有好好选择一位可以让你在生活、个性、心灵各方面契合的另一半，不就真正地掉落在爱情坟墓里了吗？

　　正如作家凯丝勒所说："当爱情叩响你心灵的大门时，你要像年长的老妈妈那样，先在屋里问一声："谁呀！"然后再拉开一条门缝，仔细地瞧一瞧，问一问。不要一下把门拉开，让陌生人闯进来。"

错过了年龄不可怕，可怕的是看错人和嫁错郎！因此，在此提醒广大还未婚嫁的大龄女人，终身大事一定要慎重、理智，要全面了解对方的底细和人品，选择一个真心爱你的男人，将幸福进行到底，开出幸福的花，结出幸福的果。万不可轻率地只看外表，更不可因为自己已不再年轻，便草率地将自己"推销"出去，否则你会离幸福越来越远。

6.做好人生规划

以前，在女性中有一种说法："干得好不如嫁得好。"现在，坚持这种说法的人越来越少了。现代女性希望有独立的生存能力，希望先在职场中站稳脚跟，然后再去考虑爱情和婚姻。她们的观点是：只要事业成功，还怕找不到好男人？

其实不然。在人生的每一个时期，人们应该为自己设计一个主导目标，并确立实现目标的最佳时期。一般来说，20多岁的年纪，应该用来寻找恋爱对象，确立婚姻关系。如果有人将其全部用于学习、工作，就有可能丧失这个最佳时期。30多岁便到了事业奋斗的最佳时期。这一时期，工作和事业都处于一个往前奔的状态，同时，孩子出生，因此关键是要协调好家庭和事业的关系。通过30多岁时的奋斗，一般到了40多岁，人应该在事业上开始步入成熟期。工作和事业越来越好。这一切都是环环相扣、递进的。

更何况，尽管这个社会男女是平等的，但男人总是喜欢在征服女人的过程中，或是被女人依靠的体验中，获得尊严和自信。所以，真正成功的男人，不容易接纳成功的女人。中国男人喜欢的，首先是相夫教子的女人，然后才是成功的女人。

做好人生规划，转变自己的观念，学点温柔体贴和理家能力；在时间、精力上做出投入，培养一些兴趣、爱好，让生活更丰富多彩一点儿，即使在其他一些方面做出"牺牲"，也是值得的。

7.不要太过矜持

矜持是大多数女人的性格，即使心里很喜欢一个人，但因为害怕被拒绝，便不会主动表白，只是把那种炽热的情感隐藏在内心里。喜欢写日记的女人在那段日子里会向日记本倾诉，不喜欢写日记的则会向某个完全不相干的人说说自己的心事……实际上，这一切行为都是徒劳，往往还是会与那个心爱的男人擦肩而过，因为他也不敢确认你喜欢他，即使他对你也很有好感。

　　俗话说："女追男隔层纱，男追女隔重山。"其实，很多时候，男人对爱情的态度远远超过你的期待。因此，你大可不必觉得主动追求男人是一件害羞的事，应该低下你"高贵"的头，大胆地给你爱慕的人以暗示。例如，在公司的舞会里，即使他身边美女如云，你也大可直接走过去，说："你还没请我跳舞。"酒至半酣，直接看着他的眼睛，问："你有没有喜欢我呢？"如果此时他与你心意相通，那么你们就一拍即合了！即使他不愿意，也会礼貌而力求不伤你自尊心地婉拒。

　　总之，爱情要靠自己努力争取，不要用缘分来解释所有错过，缘分从来都是把握在自己手里。给自己一点儿勇气，张开双臂热烈地拥抱爱情，就能获得一生的幸福。

关爱陪伴你一生的人

已为人妻的女人应该多关注自己的爱人，多给予对方爱，因为"多少人爱你青春欢畅的时辰，爱慕你青春的美丽。只有一个人爱你那朝圣者的灵魂，爱你衰老了的脸上痛苦的皱纹"。万不可等到天各一方无缘相会的时候，才悔恨不已："其实，我真的很爱你……"

在生命的春天里，来自"火星"的男人和来自"金星"的女人满怀着希望和憧憬，携手登上婚姻的扁舟，一路驶过蜜月，蜜年……在那段充满了浪漫、甜蜜和激情的旅途中，夫妻二人你侬我侬，如胶似漆。

然而，"相爱容易相守难"，随着时光的流逝，爱情逐渐由浪漫的花前月下走进琐细的柴米油盐，日子蓦然间就少了几分鲜艳的光泽。甚至，连以前经常挂在嘴边的简简单单的一句

"我爱你"，如今都吝啬得不肯脱口。

妻子变得唠叨，丈夫变得沉默，双方心里时不时地就会冒出这样的疑问：我的选择错了吗？生活的轨迹改变了吗？爱情，是不是正在走向穷途末路？有些人则把爱情真正推进了死亡的坟墓，见异思迁，移情别恋，直至劳燕分飞。

冰心曾说过这样一句话："爱在左，情在右，走在生命的两旁，随时撒种，随时开花，将这一径长途，点缀得香花弥漫，使穿枝拂叶的行人，踏着荆棘，不觉得痛苦，有泪可落，却不见得悲凉。"

其实，婚姻不是爱情的坟墓和枷锁，婚姻是爱情的升华，是幸福的延续。爱的最初阶段是激情与浪漫的成分居多，慢慢地那份浓艳的爱凝聚成幽雅的情，就如亲人一般亲密亲切，形成一种默契和谐的情感，仿佛鱼儿与水的关系，幽静淡泊，甚至忘却了感觉，但你能说鱼儿离得开水吗？

"多少人爱你青春欢畅的时辰，爱慕你青春的美丽。只有一个人爱你那朝圣者的灵魂，爱你衰老了的脸上痛苦的皱纹……"

是的，在茫茫无际的人海里，在浩浩瀚瀚的时空中，有这么一个人，就在你需要爱的时候爱了你，而你也爱了他，你们成了夫妻，这是一种极难得的缘分，要好好珍惜。

　　所以，身在婚姻中的男男女女们，多关注你的爱人，多给予对方爱，唯有如此，才能把婚姻这叶扁舟胜利划向幸福的彼岸。千万不要等到天各一方无缘相会的时候，才悔恨不已："其实，我真的很爱你！"

　　1.营造一个惬意舒适的家

　　作为男人，不管他的工作性质如何，也不管这项工作对他来讲有多大的诱惑力，总会给他带来某种程度上的紧张感。在他回家以后，如果有个轻松、舒适、整洁、有序的环境和愉快、安祥的家庭气氛，这些紧张与疲惫就会消除，那么他的心理、身体和情感就能得到平衡，就会有更加充沛的精力去迎接更加繁忙的新的一天。

　　家也是男人的避风港和加油站，是让他身心最为放松的地方。没有一个幸福的家庭，再有激情的男人也会被折磨得焦头烂额，再能干的男人也会感到生活无聊。因此，作为妻子的你应该精心为丈夫营造一个惬意、舒适的家庭环境，使丈夫有"回到家就好像什么都解脱"的感觉，使他感到家里是世上最舒服的地方，使他下了班就急着回家，这也是把男人的心留在家里的最好办法。

2.做好每一个爱的细节

爱最好的生长土壤正是生活中的每一个细节，所以，夫妻双方要注重爱的每一个细节，做好每一个爱的细节，让所爱的人在细节中体会你的真情，从而打造幸福的婚姻。比如，丈夫从外地出差回来，身心很疲惫，妻子就应该主动一点儿，或为他倒上一杯热茶，或打来一盆洗脸水洗却他旅途的疲劳；丈夫上下班时，妻子亲昵地给他一个拥抱，一个亲吻……这样，会给风尘仆仆的丈夫以宽慰和无比的惊喜，丈夫会觉得你非常在乎他，也因此，他会越发地爱你、呵护你。

有些人不习惯接吻和拥抱，尤其是结婚时间较长的夫妻，似乎那只是年轻人的事。其实，就是那看似平常实为珍贵的一抱、一吻，把彼此的心紧紧地联系在一起，无限的温柔关爱、缱绻依恋皆在其中。

3.保持爱的距离

莎士比亚有句名言："最甜的蜜糖，可以使味觉麻木，不太热烈的爱情才能维持久远。"中国也有句老话："小别胜新婚。"夫妻在一起待的时间久了，彼此之间的新鲜感、神秘感和吸引力就渐渐消失，这时不妨保持适当的距离，比如分床而居，既有利于休息，又可使夫妻双方保持各自的神秘和魅力，让相互的爱情在若即若离、不冷不热中得到长久的维持。

除了保持空间距离，夫妻间保持一定的心理距离也是很重要的。保持心理距离，就是让彼此保持各自个性上的闪光点，让彼此保留心中的一块自由活动的绿地，谁也不试图去改造对方，而是要设法适应对方，让对方有独立的人格、独立的个性和适度自由的生活圈。但是，"千万不要太远，当我痛苦或迷惘时，不要让我牵不到你的手"。

4.改掉猜疑的坏毛病

猜疑是爱的毒药，有猜疑，爱就不能完全、充分地发挥和表达出来；猜疑是一堵墙，只有推倒了它，才能架通爱的桥梁，创建和谐融洽的生活空间。因此，女人要想使婚姻生活永远和谐温馨，就应该做到对丈夫永不猜疑。

比如，虽然你认为自己的丈夫很有吸引力，值得追求，但这并不是说他的女秘书就会把他当成目标。当业务上发生问题，需要丈夫加班时，做妻子的要知道，丈夫和女秘书正在办公桌前绞尽脑汁，而不是跑到夜总会喝香槟去了。

5.做丈夫的好听众

一位心理学家说："一个男人的妻子所能做的一件最重要的事情，就是让她的先生把他在办公室里无法发泄的苦恼都说给她听。"是的，当你的丈夫在外忙于工作时，如果一切特别顺利，他不能在那儿开怀高歌；如果碰到了困难，他的同事也不想听这些麻烦事。因此，当他回到家后，他会把自己的欢喜或烦恼、骄傲或失意都告诉你。这时，请你一定要做一个耐心的好听众，静静地倾听丈夫的声音，听了他的失意，你鼓励他；听了他的烦恼，你安慰他；听了他的成功，你由衷地祝贺和赞扬他。

善于倾听的女人是智慧的女人，你的倾听会让丈夫心甘情愿为你打开心灵的窗，你的倾听会让你掌握丈夫的一切喜怒哀乐。不过，你永远不可泄露秘密。有些男人从来不和他们的妻子讨论事业问题的一个原因是：这些男人无法相信他们的妻子不会把这些事情泄露给她的朋友或美发师，他们讲给自己妻子听的每一件事，都从她们的耳朵进去又从她们的嘴巴出来。

6.始终把丈夫放在第一位

想建立良好婚姻关系的女人，必须坚持一条铁的原则：就是在任何情况下，都必须在心灵深处给予丈夫一个至高无上的地位。不管是事业，还是孩子，都不能占据丈夫的首要地位。

因为事业与丈夫不是对立的，如果你的事业无人支持，无人欣赏，无人享用，那你还有这么大的干劲吗？在干事业的同时，一定不要忽略丈夫的存在。你可以减少无关紧要的应酬，或安排固定的时间，以保证有足够多的时间去关心他，照料他。更重要的是，要加强双方情感的交流。不要等到你一觉醒来，丈夫已变成了陌生人。

孩子也不能取代丈夫的首要地位，孩子有自己成长的规律，他并不需要你的全情投入。在很多家庭中，妻子把自己的心思全部投到了孩子身上，而忽略了丈夫的存在，更忽略了与丈夫之间的情感交流，从而使丈夫产生被抛弃的感受，孤独的他便很容易去寻找家庭以外的所谓幸福生活。人们曾过多地谴责那些所谓"花心"的丈夫，谴责他们到外面去寻找刺激，去采摘那路边的野花，可又有多少妻子会在自己身上寻找原因呢？

7.不要苛求表面的浪漫

结婚久了，很多妻子会抱怨丈夫对自己不够浪漫，不够体贴：以前，为了让自己买一件得体的衣服，丈夫会鞍前马后地陪伴，恨不得跑遍整座城市的服装商厦；为了向自己表达心中的爱意，情人节那天，丈夫毫不犹豫地就拿出一个月的薪水，买上一大束玫瑰花……但现在一切都变了样。于是，妻子由此得出"丈夫不再爱我"的结论，也因此给自己平添了许多烦恼，没办法快乐起来。

在婚姻的最初阶段，无论丈夫还是妻子，都很容易延续并保持着恋爱时的浪漫情怀，你侬我侬，如胶似漆。但当婚姻进入平稳发展阶段时，作为家庭支柱的丈夫就会考虑更多的现实问题，比如，挣钱买房、养车等，夫妻之间的情感也由此从迷恋期转入依恋期。此时，浪漫的含义已经从肤浅的外表转为深邃的内涵。

所以，作为妻子，你不要总是抱怨丈夫忽略了自己的生日或是某个特殊的日子，只要丈夫对你、对家庭仍然尽职尽责，且一直心无旁骛，又何必斤斤计较表面的浪漫呢？

8.多赞美你的丈夫

一个男人不仅可以成为他理想中的人，而且也可以成为他妻子所期望的人。妻子的人生观，以及她对丈夫的支持与鼓励，甚至可以决定一个男人在事业上的成败与否。

不幸的是，有些女人在结婚之后总爱拿自己的丈夫与同学或同事的丈夫进行比较，而比较时总看到别人丈夫的优点，却视而不见自己丈夫的优点，结果就会产生巨大的失落感，甚至会当面数落丈夫没出息，从而使丈夫的自尊心受到严重伤害。

身体的伤害容易治愈，精神的伤害却难以愈合。何况，对大多数男人来说，赞赏和鼓励比数落更能让他有奋斗的力量。

因此，作为妻子，不要总拿自己的丈夫和别人做比较，更不要挑剔、数落丈夫，而应该时常温柔地鼓励他，赞赏他："你真了不起，我很以你为荣！"使丈夫重新建立起奋斗的信心和勇气。即使丈夫有了挫折，你也应该始终坚定不移地支持他、鼓励他。

9.主动伸出和解之手

在现实生活中，不吵架的夫妻几乎是没有的。仔细想想，那些让我们争执不休的，有多少是涉及了感情和原则问题的？不外是：你的书怎么又到处乱放？窗台上的那盆花你眼见着要干死了就不知道浇水？你进门就不能先洗个澡？看看，烟灰弄得满地都是！甚至，连洗碗怎么洗之类的琐事也可以吵上一架。

而且，夫妻在争吵过后总会在心里抱怨对方：为什么不能体谅自己，为什么不能包容自己？结果谁都不愿主动提出和解。

所以，在和丈夫吵架后，女人应该学会主动示弱，向丈夫伸出和解之手，说声："对不起，都是我不好。"如果那句"对不起"很难说出口，那么做一桌他喜欢的好菜，然后将自己温柔地送到他的怀里也是极有情调的和解之途。这样，会让

你的丈夫更受感动，夫妻之间的关系也会犹如陈年老酒，随着
岁月的流逝而芳香四溢……

爱和万兴事，多关心公婆

　　"爱屋及乌"，如果你爱你的丈夫，就要试着去爱你的公婆。既然你的丈夫与他们血脉相连，不会因为婚姻就断绝了他一切的过往，那么，"家和万兴事"，做媳妇的你平时多关心公婆，让他们感觉不是少了个儿子，而是多了个女儿，一家人其乐融融，岂不更好？

　　自古以来，公婆和儿媳的关系都是中国家庭内部关系的一大难题。唐朝诗人王建有首五言诗就生动地描绘了新嫁娘初进婆家门小心翼翼的心态："三日入厨下，洗手做羹汤，未谙姑食性，先遣小姑尝。"虽说现在的女人结婚后不必再像过去的女人那样，晨昏定省，侍候公婆，但也同样会面对如何与公婆和谐相处的问题。

　　如同"雾里看花，水中望月"，婆媳关系总有那么一点儿隔膜，一点儿淡漠，一点儿间隙，一点儿防备，甚或还有那么一点儿难以解释的尴尬，一点儿无法言说的微妙。比如，婆婆心里憋闷，偶尔女儿回家，就觉得格外亲切，临走，总是让女儿拿这拿那，媳妇却看在眼里恨在心上；媳妇闲着无聊，总爱回家看看，婆婆嘴里嘟囔着还是亲娘亲。

婆婆生病，媳妇衣不解带、食不甘味地终日陪伴、守候，难免有失误偏差，婆婆却特别敏感，对其多日的劳苦一脸漠然，认为媳妇的关心中掺杂了太多虚假；女儿偶尔守护床前，却事半功倍，对女儿的照料热泪涟涟。

婆婆保守，常年省吃俭用，饭菜以可口为标准，衣着崇朴素为佳品；媳妇时尚，难免有时浓妆艳抹、裘装皮裙，饭菜挑剔，花销奢侈，因而芥蒂便在不知不觉间产生了，且愈演愈烈，使丈夫陷入两难的境地……

"家和万事兴"，对于媳妇而言，如果你想缔造幸福的婚姻，让婚礼上的誓言在现实生活中一一兑现的话，就不能让你爱的人为难。更何况，正是由于公婆的悉心养育，让你有了一个可以依靠的肩膀。所以，你平时要怀着一颗感恩的心多多关爱公婆，这是对老人起码的尊重。

1.不要当着公婆的面数落或指使丈夫

由于许多孩子都是独生子，父母一把屎一把尿地把儿子拉扯大，他们希望的是自己的儿子不要受到一丁点儿委屈，这是为人父母固有的心态。所以，女人一旦嫁到一个家庭，就应该全心地去呵护照顾自己的丈夫，这样可以给婆婆留下一个良好的印象。

如果夫妻间发生了不愉快，不要当着公婆的面数落或埋怨丈夫。因为做父母的总是袒护自己的孩子的，数落丈夫，其实就是对公婆"家教"的否定，这样会让老人觉得很没面子。

要注意不要当着公婆的面支使丈夫干活儿，因为那毕竟是他们的儿子，在他们的怀抱里几十年都不舍得让他干一点活儿，被媳妇支使，虽然他们嘴上不说，但是心里肯定是不乐意的。

2.发挥丈夫的"中介"作用

媳妇要让自己的丈夫做好"中介"的角色，例如，平日家中有表现孝敬公婆的机会，丈夫可以多叫妻子出面，如母亲过生日，买了东西叫妻子出面送给老人等，这些策略都有助于婆媳之间的情感交流。当媳妇与公婆间发生矛盾时，如果媳妇受了委屈，首先应取得丈夫的理解，再通过丈夫从中周旋，消除与公婆之间的芥蒂，使双方和好如初。

3.有事和公婆协商处理

夫妻之间处理家务事，彼此之间都建立了默契，比如，双方都觉得工作很忙，被褥不叠、衣服存几天集中洗等情况很正常。但有的公婆却会对小家庭处理家务的能力担忧，经常突击检查，觉得看不过眼了就亲自动手打理。

在这种情况下，媳妇往往会觉得公婆的突然"空降"不仅打破了小两口的生活习惯，还是对自己的不信任和不满意，甚至上升到"干涉"小家庭独立的高度，这些都会给婆媳关系留下阴影，公婆也会因自己的好心没得好报而备觉委屈。

为此，婆媳之间要相互尊重，有事共同协商处理，如经济开支、如何教养第三代等，养成民主家风；而属于个人的"私事"，则应互不干涉，个人享有"自主权"。其实，公婆年岁大，管家或教养孩子的经验比较丰富，做媳妇的不妨多向公婆请示汇报，这样既显示了对公婆的孝顺，也体现了对他们的尊重。

4.对公婆慷慨些

老一辈的人，都是经过很艰难的日子过来的，他们自己一般过得很节俭，而且也希望儿子媳妇和他们一样勤俭持家，尤其是对儿媳在这方面的要求一般都会更高些，如果你为丈夫买东西，他们可能不会说什么，但如果你是为自己买，他们就会说你乱花钱，或者说你买的东西太贵什么的。

对这样的公婆，最好的办法就是：在给自己买东西的同时为公婆买一件礼物，即使是很便宜的小物件。虽然婆婆还会在嘴上说，你不用为我们花钱，钱要省下来什么的，但心里也会很高兴的。

如果公婆家经济条件不好，比如家在农村，一定要按时给老人寄生活费。如果公婆家条件很好，没有经济上的困难，就经常过去看看，多做家务，多买点儿老人喜欢吃的东西，那么，你们的关系就会变得和谐起来。

5.对公婆的唠叨不要较真

上了年纪的人，感情相对脆弱，怕孤独，爱唠叨。但有的媳妇对这种唠叨非常较真儿，会认真地同公婆进行辩解，这就有可能成为家庭战争的导火索。还有比较含蓄的媳妇虽然不至于当场发作，但也会因此产生不快，时间一长，对婆婆的不满越积越多，等到有一天忍无可忍时来个大爆发，这种爆发的杀伤力会远比当场翻脸大得多。一般发生这种情况后，婆媳关系基本没有修复的可能性了。

其实，很多上了年纪的老人都有爱唠叨的毛病，就如同你回家听自己父母唠叨时的感觉一样。作为媳妇，如能与公婆多聊家常、多聊他们儿子的一些趣事，或把自己的一些兴趣爱好讲与公婆听，会极大地安慰老人那颗孤独的心，你们之间的心理距离就会大大缩短。

6.不要苛求抱怨公婆

在生活小事上不要苛求公婆，不要抱怨公婆对自己不如对其他人好。有些媳妇抱怨不管自己对公婆有多好，他们总是向着小姑子，或者婆婆不给自己做饭，带孩子，带小叔子孩子的时间更多……

其实，媳妇并没有权利要求公婆为自己做这做那，或者要求他们将所有的爱和时间公平地分给每个小辈。公婆将儿女养到18岁，可以说已尽到了自己的义务，再后来为子女所做的一切，就是一种奉献了。何况，公婆不是免费的保姆，他们的晚年时间是属于他们自己的，他们怎么安排谁也管不着，他们爱带谁的孩子是他们的自由！不管做媳妇的高不高兴，必须得承认这点！

7.避免和公婆争吵

公婆、媳妇来自不同的家庭，不论是生活习惯还是思想观念各方面都千差万别，在一起生活，哪能永远像一幅完美的画那般美好，双方偶而发生一点儿不愉快的事是在所难免的。

所以，当与公婆之间出现了分歧、产生了矛盾时，作为媳妇的你一定要保持冷静的头脑，即使公婆发脾气，你也要克制自己的情绪，或者寻机走脱、回避，等事态平息后再交换意见，处理问题，而不要因一点儿小事就和公婆"开战"，否则，久而久之，双方的成见会越来越大。况且，在旁人看来，作为晚辈的媳妇跟公婆争吵，他们会认为这个媳妇没家教。

此外，"家丑不可外扬"，平日和公婆有了意见，切忌向邻居、同事或朋友乱讲，不然，有一天你的话被添枝加叶后传到公婆耳朵里，只会加剧双方的矛盾。

即使知道公婆在外人面前说你的坏话，也不要以牙还牙，以眼还眼。聪明的媳妇会这样做：公婆在人前说我的坏，我就高调地在人前说公婆的好！这样一来，公婆面子十足，今后也会想法子弥补过失，而你在公婆及旁人眼中更是一个识大体的好媳妇。

8.不要看重公婆的财产

不要过分看重金钱，更不要"算计"公婆的财产。公婆有钱，并且愿意出于亲情帮助自己的儿子，媳妇沾丈夫的光，可以因此少奋斗几年，你应感激公婆的情义。没有，你也别抱怨！因为钱是公婆的，他们有权利随意处置自己的财产，即使全部给了大姑子、小叔子、小姑子，你也没有必要为此耿耿于怀。再说，公婆年纪大了，手里总应该留点儿养老金以备后患，全给了你们，等他们病了、老了，作为媳妇的你会毫无怨言地出钱医治他们、奉养他们吗？当面对金钱与亲情的冲突时，每个人都应该义无反顾地选择亲情。

9.不要伤害公婆的自尊心

很多女人在婚前都希望找到一个比自己强的丈夫，尤其是丈夫身上体现出来的人格品质或者才干，盖过他的家庭状况，或者自身外部条件时，往往会不顾家人朋友的反对委身"下嫁"。

但是，请不要因此在丈夫或者婆家人面前显得高人一等，觉得你嫁给他是对他和婆家的一种恩赐，在生活习惯上对婆家人横挑鼻子竖挑眼，希望处处以自己的生活习惯为准则；或者听任自己的父母在他面前夸赞"我这个女儿有多好，以前有多少有钱人追她"之类的话；或者丈夫的一帮穷亲戚到你家时总摆出一副嫌恶的模样……这样做只会严重伤害丈夫和婆家人的自尊心，并让你所有真诚的付出付诸东流。

最博大的母爱

母亲呵护自己的孩子远胜过呵护自己的生命，她倾注了自己的全部，只为孩子能够茁壮成长，成长为参天大树，万古长青。孩子是她所有希望与力量的源泉，是她永远无法达到的宏大理想和自我价值的具体实现。

泰戈尔在《新月集》的《开端》一诗中这样写道："婴儿问他们母亲：'我是从哪儿来的？你在哪儿把我捡来的？'母亲把婴儿紧紧抱在怀里，又是哭又是笑地答道：'我的心肝，你是我藏在我心里的心愿。'"

的确，孩子都是母亲的心愿。因此，母亲甘愿把自己全部的爱默默地倾注在孩子身上。为了让孩子能幸福快乐，宁愿自己忍受各种辛酸痛苦：自己吃咸菜也要保证孩子顿顿荤菜；自己戒烟戒酒也不能少了孩子的辅导教材；自己3年不添新衣却年年给孩子添衣加被……

可以说，母爱是博大的，她的博大足以和日月齐辉；母爱又是细微的，细微得犹如慈母手中那根纤纤丝线。然而，如此博大而又细微的母爱，也会引发让人意想不到的"爱的误区"：有的母亲过度关爱孩子，带来的是孩子的无能；有的母亲过分溺爱孩子，带来的是孩子的骄横……

凡此种种，不能不引起人的反思：身为母亲，究竟应该怎样爱自己的孩子呢？

爱的方法之一：用爱的微笑面对孩子

微笑，是爱的语言，它像穿过乌云的太阳，能照亮所有看到它的人，带给人光明和温暖。孩子们都喜欢爱笑的人。你冲他微笑，这表达了你内心的感情："我爱你！我喜欢你！我很高兴见到你。"

一个微笑，其实并不难，但工作的辛劳，还有生活的琐碎让不少母亲僵硬了自己的表情，连对孩子的微笑也变得吝啬起来。

对孩子来说，母亲的微笑非常重要，从小在微笑中长大的孩子，容易形成乐观、积极的心态。做母亲的再忙、再累、再烦，也不要忘记把微笑送给孩子。在他们成长的心灵中，给他们一片晴朗的天空，这是你能做到的。

爱的方法之二：用爱的眼睛发现孩子

成长中的孩子最需要发现。发现什么？孩子的长处。

谁会以自己的短处作为生存条件呢？人应当扬长避短。如果经常展示自己的长处，别人就会认为他棒，他就会朝更棒的方向努力。父母只有用爱的眼睛去看孩子，才能发现孩子的长处。发现孩子的长处，可以从下面两个方面入手。

（1）发现不同点

正如天下没有完全相同的树叶，世上也没有一模一样的孩子。母亲的责任就是发现自己孩子的"不同"，这个不同点也许正是他最棒的地方。

爱迪生小时候，喜欢拆东西，在旁人眼中这是调皮的表现，但他的妈妈却坚信这是儿子最大的优点。正是因为受到鼓励，爱迪生的动手能力越来越强，最终成为伟大的发明家。

那么，你的孩子有什么与众不同的地方吗？如果你还没有发现，你就有可能扼杀了一个天才。

（2）发现闪光点

孩子天天在进步。母亲要像哥伦布发现新大陆一样去发现孩子的变化，特别要善于发现后进孩子的闪光点，让每个孩子都抬起头来走路，让蒙尘的金子闪光！

爱的方法之三：用爱的渴望调动孩子

今天的物质生活水平有了很大的提高。但是，溺爱孩子的母亲却没有发现，过分充足的物质竟然剥夺了孩子的快乐。什么都来得轻而易举，他们感觉无所谓，不珍惜也不兴奋。孩子还不想骑童车的时候，母亲就为他买来了，他没有了学车的兴趣；他不想读的书，母亲非要买回家不可，他连看也不看，可自己借来的书，读起来却如饥似渴……

欢悦产生于强烈的渴望得到满足之时。对一个渴得要命的人来说，一杯清水胜于金子。如果一个孩子总没有渴望得到某个东西的机会，该是多么不幸啊! 要真正对孩子负责，就给孩子留一点儿"渴望"的空间吧!

爱的方法之四：用爱的语言鼓励孩子

爱的语言不仅能够起到鼓励孩子的作用，甚至能改变一个孩子的命运! 母亲应该改变过去"一训二骂三打"的态度，用爱的语言来鼓励自己的孩子，如："这次干得不错""有进步，我很高兴""好样的，再努一把力会更好""你真行""好棒，该庆祝一下""知错就改，挺好""别泄气，失败是成功之母"……于是，奇迹也就发生了!

爱的方法之五：用爱的心情倾听孩子

一位著名的心理学家认为，父母让孩子通过语言把所有的感情——积极的和消极的——都表达出来，是送给孩子最好的礼物。

孩子常常希望父母能分享他的快乐、分担他的烦恼。而有些父母，却往往只爱听"好消息"，不爱听"坏消息"。长此以往，孩子失望了，觉得有什么事情对父母说了也是白说，不如埋在心里。久而久之，消极情绪找不到发泄和化解的渠道，积累到一定程度就可能爆发，变成一种对抗情绪，给孩子和家庭带来伤害。

孩子的内心是纯洁的，孩子的情感是细腻的。母亲要与孩子为友，就要去倾听他们真挚的声音。

当然，倾听不单是听觉上的材料收集，更是一门艺术。

（1）做出倾听的姿势。与孩子平视，不可居高临下。身体稍稍向前倾，这是表示有兴趣的姿势。

不要制造"壁垒"。如两手抱着胳膊或边听边翻着书，这些举动对孩子的倾诉都是一种障碍。

用眼睛"听"。睁大眼睛看着说话的孩子，很自然地用眼睛来表达你的兴趣和愉悦。

（2）表现出听的兴趣。让谈话者最扫兴的是听到对方说："我早就知道了。"有些父母，对孩子就缺少这种尊重。孩子才说两句，大人就不耐烦了："知道了！知道了！别烦我！""该干嘛干嘛去吧，谁有工夫听你神侃！"结果使得孩子十分扫兴。父母关心孩子，不应只是关心他的冷暖、吃住，还要关心他感兴趣的事。对孩子关心的话题产生了兴趣，你同孩子谈话的兴趣便也具备了。

（3）将你专注倾听的态度传达给孩子。送给孩子最好的赞美是让孩子知道，他所说的每一句话，你都认真听了。

用表情变化来传达。比如，保持微笑，并常常做出吃惊的样子。

用语言表达。听孩子说话时，要适时地做出回应，以表示你的兴趣，比如，"真是这样吗？""你的想法太好了，请继续说"等。

也许你会发现，不论孩子的话题多么简单，如果你想要表现出有兴趣的姿态，那么兴趣就会自然而然地产生。如果你总是沉着脸，一言不发，一副漫不经心的样子，就会令孩子十分失望。俄国伟大的作家契诃夫说过这样一句话：母亲之所以在教育子女方面不能由外人代替，就是因为她能够跟孩子同感觉、同哭、同笑……单靠理论和教训是无济于事的。

爱的方法之六：用爱的管教约束孩子

爱孩子绝不是纵容孩子，放任自流。要知道，多少"小霸王"就是在纵容中学坏的！身为母亲，你必须把爱和管束紧紧地结合在一起，才能约束孩子的不正确行为，才算是真正完成了女人"相夫教子"这一义不容辞的伟大使命。

（1）培养孩子尊敬父母的意识。孩子与父母的关系是一个孩子首先面临的最重要的社会关系，这种关系是孩子与他人交往时所采取态度的基础。所以，让孩子尊敬父母，是对孩子的一生负责。

（2）不让无理取闹的孩子得到好处。如果孩子无理取闹，或者执拗不听劝告，父母千万不要心软，一心软，孩子也就"没治了"。正如一位教育学家所说："若是你不能使一个5岁的孩子把玩具从地上拾起来，你就不可能在孩子步入青春期这个一生中反抗最激烈的时期施行任何程度的有效控制。"

（3）严厉的管教之后是沟通的最佳时机。对孩子批评之后，要及时与孩子进行沟通，对孩子要求的合理部分要给予满足。这等于告诉孩子，父母是爱他的，父母否定的不是他本人，而是他的不恰当行为。这样，管教孩子就有了一个充满爱的结局。

爱的方法之七：用爱的胸怀包容孩子

著名教育家苏霍姆林斯基说过："有时宽容引起的道德震动比惩罚更强烈。"作为父母，要容得下那些学习差、淘气的孩子和所谓的"问题孩子"，让孩子有一个更宽松的成长空间。

爱的方法之八：把爱的机会还给孩子

爱是一种感受。一个人在被他人需要时，才能感受到自己的价值。一个孩子在被大人需要时，才能感受到自己幼小的生命是多么伟大。

对孩子来说，给予别人爱，别人能理解、能接受、能感悟到，比接受他人的爱更快乐！然而，我们许多父母，却把孩子爱的机会垄断了！

一个男孩正在家里写作业，母亲下班回来了。他马上沏了一杯茶，递到母亲面前："妈妈，请喝茶！"谁知，妈妈冷冰冰地说："去去去，写作业去！谁用你倒茶，多考个100分比什么都强！"孩子心中爱的火花被母亲无情地扑灭了。渐渐地，孩子明白了，母亲所要求的就是他考高分、上重点学校，别的什么都不需要。然而，这不是所有孩子都能达到的目标啊！于是，许许多多孩子变得心灰意懒，不再关心别人，也不懂得爱别人了。

真正爱孩子的母亲，要在孩子面前表现得弱一点儿，给孩子一点儿爱他人的机会。别总把自己看成是高山，视孩子为小草，让孩子靠着你、仰视你、惧怕你；更不要当大伞，视孩子为小鸡，为孩子遮风挡雨，让孩子弱不禁风。换个位置，换个形象：让孩子做高山，孩子就会长成山；让孩子当大伞，孩子就能顶天立地。

第六章

别错过身边的美好

女人的魅力源于气质

谁也无法抵抗岁月的印痕，青春和美貌的魅力不会永存，只有丰富的文化内涵所赋予女人的气质才是无与伦比的恒久魅力，它可以使女人成为"万绿丛中一点红"，也可以使女人美丽一生，魅力一世。

女人的美丽，已经被世人无数次地讴歌和赞美，文人骚客为此差不多穷尽了天下的华章。其实，在美丽面前，诗歌、辞章、音乐都是无力的。无论多么优秀的诗人和歌者，最后都会发出奈美若何的叹息！

美丽的女人人见人爱，但真正拥有令人心仪的永恒美丽的，往往是具有磁石般魅力的女人。那么，什么样的女人才具有魅力呢？三个字：气质美。

女人的气质是女人魅力的源泉，也是女人最真实、最恒久的美。再美的女人，如果没有气质，也是一朵几近枯萎的鲜花，一潭永不流动的死水。相反，天生并不美的女人，即使是身着一袭布衣，一旦插上气质的翅膀，也会立刻神采飞扬、楚楚动人起来。

然而，在现实生活中，有很多女人只注意穿着打扮，而没有注意自己的气质是否给人以美感。

诚然，美丽的容貌，时髦的服饰，精心的打扮，都能给人以美感，但是，这种外表的美总是肤浅而短暂的，如同天上的流云，转瞬即逝。而气质给人的美感是不受容貌、服饰、打扮和年龄的局限的。就像一缕暗香，渗透于女人的骨髓与生命之中，让她们能够在面对岁月的无情流逝时，仍然能够拥有一份灵秀和聪慧，一份从容和淡泊。

特别是当一个女人年龄渐长，气质在她身上的必要性更为凸显。年轻的女人即便不漂亮，但是她的天真可爱也会让人怦然心动。过了30岁，你再伪装可爱天真幼稚，那可就会让人大跌眼镜了，唯一的办法就是做个气质女人，只有从内到外散发的迷人魅力才更持久、永恒。

不过，想要做个气质女人可不是件容易的事。因为气质不是与生俱来的，不是靓丽的衣裙装扮的，不是用高级化妆品涂抹出来的，也不是矫揉造作粉饰而成的，更不是刻意强求得来的。气质是"发诸内，形乎外"的东西，只能经后天培养、维护而获得。

1.懂得如何装扮自己

女人的外表展现着自身形象，也是体现气质的一个方面。因此，气质女人总懂得如何装扮自己。虽看似平常，稍不注意就会从眼前飘然而过，但当你止步注目，她身上总是有一些看似不经意的东西会让你细细品味。

2.把握说话的语调和语速

女人的声音以轻柔、圆滑为美，像一曲动听的音乐，给人以无限的憧憬、幻想、回忆。你可能会说："声音是天生的，我天生的声音就是不好听，这怎么做得到？"话虽这么说，但是，你可以把握自己说话的语调和语速，语调抑扬顿挫，语速适中如溪水潺潺流来，这足可以体现一个女人的气质。

3.行为举止尽显气质

女人的气质在举手投足、待人接物上都可以展露出来。热情大方，不浮躁做作，这就是气质的体现。

4.腹有诗书气自华

气质是内在的不自觉的外露，而不是表面功夫。如果胸无点墨，任凭用再华丽的衣服装饰，这人也是毫无气质可言的，反而给别人肤浅的感觉。

"腹有诗书气自华"，正如卡耐基所说："气质高贵的女性最重要的一条，就是由内而外散发的文化气质。"所以，想要成为气质女人，做到气质出众，除了穿着得体、言谈举止有分寸之外，平时要多看书、学习，以提高自身的文化知识素养。这样做了，气质就会不请自来。

5.保持快乐的心境

一个女人最闪亮最有魅力的时候往往是她最快乐的时候。一个女人，如果每天板着脸，故做深沉或忧郁的样子，肯定不会吸引人。

须知，情绪可以轻易改变一个人的气质。所以，每天都学会保持快乐的心境，你会从内而外地发光。

6.做一个爱艺术的女人

爱艺术的女人呈现出古典风味，这是很美很有情趣的事。美丽的女子常见，然而，众多的男子喜欢上同一个女子，往往是看中了这个女子不落俗套的气质。艺术可能就是这种气质的源泉。

7.拥有与众不同的韵味

气质有多种，每个人所具备的也不尽相同，如同花有各种各样的味道，只不过是，受到认可，受到欢迎，这种味道就被称之为"香"，反之，只能是孤芳自赏了。

聪明的女人不会盲目克隆别人的美，而是善于冷静地发掘适合自己的方面。她们知道，气质蕴藏在差异之中，只有不断创新，才能拥有与众不同的韵味，成为一个让人一见难忘的人。而刻意模仿、临时突击则是难以从根本上改变气质的，弄不好"画虎不成反类犬"，成为效颦的东施，反而不美。

8.舞出气质来

学舞蹈是不分年龄层的，学舞蹈也不一定是为了当舞蹈家。学舞蹈，一可以锻炼身体；二可以塑造体形；三可以提升气质……

在舞蹈中要充满自信心，敢于表现自己，尽情地展现舞蹈动作。否则，就无法在舞蹈中表现出高贵、典雅、大方、勇敢的气质。

美丽出自天然，可爱乃是本性，真正高贵脱俗、优雅绝伦的气质，需要的是全方位的修养和岁月的沉淀。

因此，作为一个不再年轻的女人，你可以放弃许多，但绝

不可以放弃对气质的追求，这种使女人像雨后彩虹般绚烂的法
宝应牢牢握在手上。你可以不在意许多，但绝对不可以不在意
自身气质的培养，这是生为女人毕生的功课。

情趣增添你的魅力

漂亮是女人的外壳，情趣是女人的灵魂。女人没有情趣，就像男人不懂幽默感一样令人嚼之无味。女人有了情趣，就显得多姿多彩、富有生机。即使是在容貌苍老后，也能令人耳目一新、为之一动，魅力无法抵挡。

情趣能体现女人的漂亮与柔媚，使女人变得多姿多彩、富有生机。遗憾的是，不少女人在婚后便将全部精力转移到孩子、丈夫、家庭的生活琐事上，毫无情趣可言。

诚然，家庭生活需要井井有条，孩子需要健康成长。但在"料理生活"的同时，"培养情趣"却是万万不可忽视的。

要知道，男人可以没有过多的情趣，只要有成功的事业便足够了。而女人，可以没有成功的事业，但不能没有情趣。因为女人没情趣，就像男人不懂幽默感一样令人嚼之无味。

　　正如卢梭所说："男人喜爱女人，并不是喜爱女人的性，而是喜欢生活在她们身边的一种情趣。"情趣反映着一个人的生命力与生活的基调。在未来的生活中，男人并不苛求女人在各个领域里能与异性并驾齐驱；男人渴望的是女人与男人有相同或接近的生命沽力与情趣。

　　那么，什么样的女人才是有情趣的女人呢？

　　有情趣的女人博览群书。读书是一种良好的修心养性的方法，是一种高雅的生活情趣。女人如果拥有这种情趣，就能充分体验到生活的充实与乐趣，更多地发现生活中的真善美，调适情绪，陶冶情操，去追求美好的人生。而不会像街头的"长舌妇"那样扎堆在一起，飞短流长，无中生有，拨弄是非。不过，读书一定要有选择性，那些情趣低级庸俗的书籍，读起来虽说流畅自如，红火热闹，但实在没有意义，看后没有启发，既浪费时间又浪费精力。选择情趣高雅的书籍，就会源源不断地从书中吸取好思想、好品德、好精神，就会使人的举手投足、言行举止都流动着书的气韵。

　　有情趣的女人钟爱音乐。听音乐就像呼吸空气一样自然，不可缺少，而不是附庸风雅：当大多数人争先恐后地要冲入"神秘园"时，当每条大街上都有马修·连恩的低吟时，有情趣的女人总会莞尔一笑，仿佛想起了儿时吃过的水泡饭——现在已经不会再用它来充饥了。她知道如何加强自己的营养。如果把听音乐比喻成吃饭，晚宴通常是郑重的：主菜是《图兰朵》、卡拉丝或者波提切利演唱的歌剧片段做背景音乐。如果有酒，那就要《蝴蝶夫人》——浓烈的味道像一杯苦艾酒，虽说使眼泪忍也忍不住，但让人心甘情愿地去感受。饭后的甜点不妨来一点儿格里格的钢琴小品，轻柔抒情的琴键敲遍全身，在每一处都印上静谧的音符。于是，在华灯之下，演奏着幻想，如同花儿绽放……释放出一阵阵令人回味的香气。

　　有情趣的女人宽容、通情达理、善解人意，知道用女人特有的细腻情感去读去感觉男人的心。她不会干涉属于他的自由空间，她只会用自己的心系着他的心不让他偏离方向；她会和他一起分享这份快乐，不管发生什么事她总会与他促膝交谈，相互沟通，绝不喋喋不休地唠叨，不把丈夫当作挣钱的工具，不给丈夫一丝一毫的心理压力；她会制造浪漫的空气供他呼吸，当他受累回到家时，她会递上一杯热茶，送上一句温情的问候，给他一个深情的吻，或者一个拥抱，使他放松心情，领略快乐。

　　有情趣的女人会尊重他的情趣爱好，并会被他的爱好所感化。你看那体育场看台上，"万绿丛中一点红"的女性，尽管她可能不懂足球，是陪丈夫来"起哄"的，但她的情趣却足以令其他男人羡慕不已。

有情趣的女人懂得生活。任何人的生活都不会是十全十美的。烦恼、焦虑、失望……总是悄无声息地从潘多拉的盒子里跑出来，伺机侵占我们惬意的心。凡尘中的你是不是被搅得焦头烂额了呢？而有情趣的女人会先把它们尘封，暂时"生活在别处"。待到心平气和、神清志明时再杀一个漂亮的回马枪。"诗意地生活"是她恪守的准则。所以，她总是生活得诗意盎然。清晨醒来，摘一朵白云放在衣袋里，于是，一天的心情都会轻盈曼妙。即使工作繁忙，她也能忙里偷闲，适时地放飞心情：窗下的小草终于钻了出来；滴在纸上的墨迹像一只小狗；晚霞的色彩变幻莫测，想不出由哪些颜色来调和；雪花飘下来的时候一点儿秩序都没有，随意改变着方向……正是因为有这些小亮点，日子才不会阴沉。

有情趣的女人时刻让心保持温润。某个夜半时分，她会在枕旁的丈夫呼吸均匀之后悄然起身，打开书房的台灯，看一段杜拉斯或李渔的《闲情偶寄》，或者，只是冥想。望着窗外如水的月夜，淡淡地任思绪在时空里飞舞，也许是想起了某段馨香的往事，一丝微笑绽放在唇边，晶莹得一如天上的新月。

　　有情趣的女人可不是不食人间烟火的仙女，她打理起生活来秩序井然，又别有情趣。一盏橘黄色的灯，一串淡紫色的风铃，一扇粉红色的百叶窗，几个绣着古典花色的靠枕……那个属于她的家里，每一个细节之处，无不散发着温馨幽香、耐人寻味的浪漫气息，让劳碌奔波的男人回到家，拥有一份轻松快乐的心情。如果时间允许，她会做一顿丰盛的晚餐。一边听着花腔女高音的歌剧唱段，一边在厨房煎炒烹炸。收拾停当后，一幅色香味俱佳的油画跃然于桌上：烛光摇曳，格子台布与兰印花磁盘映衬出的典雅色调忽浓忽淡。觥筹交错，暗香浮动。细心品味的不只是菜肴，还有心情——吃饭不再是件简单的事情。

　　当然，有情趣的女人有时也会任性，发点儿小脾气。但事情过后她不会太计较，也不会把过去发生的一些不快乐的事情翻出来数落，而总会用情趣活跃紧张的气氛，解除尴尬的误解，给空气增鲜，给生活着色，因为她想让生活过得更轻松、快乐、美好，想让男人有一份轻松愉快的心情。而男人也将会从这些情趣中感觉到幸福，感觉到女人有了情趣会更加有魅力！

　　如同山水画要有意境一样，有情趣的女人才能诱逗人心，才能体现出上天赠予女性的妩媚与柔美。做个有情趣的女人吧，给平淡的生活涂上色彩，让沉闷的生活充满生趣。试想，如果在紧张的工作之余，或挥毫泼墨，或摆棋对弈，或吟诗言志，或观花赏鱼，使一天的疲劳在轻松的消遣中化为烟云，不是一件很惬意的事情吗？

做优雅女人，让你魅力无限

　　如果说女人似水，那么优雅的女人就可以水滴石穿，用智慧获得爱与尊严。外在的美易随风而逝，肤浅也耐不起寻味，而优雅的女人则是用丰富的内心世界和对生活的智慧让自己永远成为一棵有101种风景的花树。

　　做一个魅力四射的女人是每个女人殊途同归的美丽梦想，但魅力不是靠模仿或追求时尚的东西就能得到的，它是靠自身的各个方面一点点修炼出来的。适度展现迷人的优雅能增添自身的魅力。

　　一个女人可以有华服装扮的魅力，可以有姿容美丽的魅力，也可以有仪态万方的魅力，但却不一定优雅。一个优雅的女人，必然富有迷人的魅力，就像拥有磁石的吸力，能将别人的目光不离须臾地"套牢"。这样的女人即使鬓发苍苍，也会有种无法言说、令人心动的韵味。

　　优雅具有如此神奇的魅力，所以，没有哪个女人不想成为优雅的女人，但许多人又常苦于找不到优雅的秘诀，或抱怨缺乏应有的条件："我也希望自己长裙曳地、步履轻盈、仪表高贵地行走在华丽的宫殿里面，展现无限的优雅；我也希望在落日沙滩、椰树摇曳的美丽画面中悠闲地躺在长椅上，展现迷人的优雅。可是，我没有金钱，也没有时间，更糟糕的是，现代社会紧张快速的生活节奏已经不允许有优雅生存的空间了，为赶时间上班，只能在拥挤的公车或地铁上大口大口地啃汉堡而不顾任何不雅，你怎能要求我端坐桌前，举止文雅地一小片一小片撕好手中的面包，再从容优雅地放进嘴里呢？总而言之，对现代女性，尤其是上班族谈优雅是一种奢侈！"

　　确实，生存的压力让现代女性无法活得悠闲、精致，但是，我们至少应该尽可能地活出优雅品位来。俄罗斯女郎是浪漫而优雅的，哪怕她身上贫困得只剩下一个卢布，也要为自己买一枝玫瑰花，而不是一块可以充饥的面包，这样的优雅不仅让人吃惊，也让人感动，甚至想为之流泪。

　　"女人可以老去，但要优雅"，所以，你不要以任何理由允许自己丧失魅力指数。何况，做优雅女人并不难，不需要很

高的条件，也不需要花费太多的金钱和时间，一缕头发、一个
眼神、一个动作、一句话语，无不让你优雅万分。正所谓"只
要有心，立地成佛"，只要留意，优雅无处不在。

1.优雅秀发

每一种发型都有特定的性格内涵，麻花辫代表传统与天真
俏皮。长波浪则有历经沧桑后的"成熟感"。而优雅是介于清
嫩与成熟之间的完美状态，它反映在发型上通常表现为光洁低
挽的发髻。不一定是规整的发髻，随意把长发挽起的小髻也同
样简洁、动人。

除此之外，选择慵懒的卷发，也能在略显随意的动感中表
露女人的优雅。同时，你还可做点同色系的挑染，在内敛中释
放一点儿张扬，让优雅散发丝丝浪漫的气息。

无论选择哪种发型，都要经常做清洁、滋养。每次出门
前，请记得重新上定型发品。不加修饰的头发，千万不要出现
在众人面前。

2.优雅妆容

如同发型，妆容也可以通过塑造，由面部表现出优雅的气质。

整体妆容要力求薄、透，以营造细腻的肌肤质感。请用光
泽度高的粉底液塑造清爽透明的自然肤色。

在涂眼影时，用接近肤色的黄色或咖啡色眼影，可以体现成熟的优雅；紫色眼影可显出浪漫的优雅；粉色眼影也是不错的选择。但要注意不可把眼影画得太浓。

眉毛可以修饰成长拱形，以给人优雅的印象。

用亮色系在颧骨周围打出长而宽的形状可以让人彰显优雅气质。

自然雅致、丰润的自然唇色和淡淡的玫红、紫红或浓烈的绯红都可予人优雅的高贵感觉。

3.优雅着装

优雅的着装风格，彰显着女人的生活品位。

无论是职业装、休闲装抑或礼服，都要注重颜色的选择，如悦目的粉红、白色可以营造出女性的柔和气质，赋予女性优雅高贵的内涵。此外，麦秸白、玉米黄、枯藤色、薄暮色等都是接近大自然沉思状态的色彩，它们身上洗尽浮躁之色焕发出几经磨砺与风霜之后的清淡之美，正是优雅的基础。

从款式上说，修长简洁的线条比"短小打扮"更能体现出卓越动人的典雅之美。短皮裙、短夹克是一种青春反叛性格的折射，也是愤世嫉俗的表现。而优雅是远离激愤的状态。优雅的宽容度最大，它可以对格格不入的衣着文化表示理解，但它绝不随波逐流。

缀有盘花扣的长马甲，长衬衣和略紧身的织麻马甲，及踝的印花土
布裙，毛麻混织的烟土色裙，半长的露出一截秀丽的脚踝……这都
是优雅的服装。

4.优雅配饰

配饰的重要性不亚于服装，尤其是女人随身携带的包袋，
乃是女人"风华绝代(袋)"的魅力发射源。伊丽莎白女王为何
包不离身？乃是因为那玲珑拎包是其整体气度的支撑点，少了
一个包，优雅美就有了看不见的缺口。一般来说，拎包比挎包
优雅，大包比小袋更具雍容风度。

富贵相太足的首饰是优雅的大敌。钻链、金项圈、大颗粒
的钻石，自有其展示风采的场合，但与优雅无从亲近。什么是
优雅的饰物？一块晶莹剔透的玉，穿以结有同心结的丝绳；陶
片、大陶珠串起的清陶项链；菩提子做成的灰色串珠都是不错
的选择。

5.优雅站姿

风姿绰约的优雅女人，其站姿也是优雅的。

平肩、直颈、下颌微向后收，两眼平视；双手自然下垂，
手臂自然弯曲，双腿要直，膝盖放松，大腿稍收紧；双脚并
齐，两脚跟、脚尖并扰，身体重心落于前脚掌；伸直背肌，双

肩尽量展开微微后扩，挺胸；重心从身体的中心稍向前方，并尽量提高。

另外，双掌轻轻搭在一起置于胸前乳房下方，肚脐上方的位置，会在视觉上使身体重心上移，显得双腿更加修长。

6.优雅坐姿

最常见的错误坐姿是：朝椅子的正前方走去，一边确定位置，一边捏着裙子，然后翘起臀部，一屁股坐下，然后随意将双腿往前伸，这样的动作极为不雅，还会使腿部看起来既粗又壮。

优雅的坐姿是：从45°的位置，斜斜地往椅子走去，同时用余光确定椅子的位置。坐下时，不要往后看，更不可倾斜上身，而应使上身保持直挺，从容不迫地坐下，先坐三分之一，再慢慢调整，坐在椅子的二分之一或四分之三处。坐好后，膝盖以下的腿部是直立的，正确的坐法会使双腿看起来好像相叠在一起。

7.优雅走姿

有些女人因为怕地上的脏水或脏东西弄脏鞋子或裤子，走路时身体向前倾，只有脚尖踢到地面，然后膝盖一弯，脚跟往上一提，腰部很少出力。但这样走路会使整条腿都变胖，腿肚的肌肉越来越发达，讨厌的萝卜腿也会出现。

很多日本女人都是内八字走法，看起来似乎很可爱，但"O"形腿就是这样形成的。而外八字走法会使膝盖向外，甚至产生"X"形腿。这些走姿既没气质，又不优雅。

要想走得优雅，应使重心始终放于两腿之间，脚跟先着地，保持两腿直立，并且要把体重有意识地放在大腿上。走路时，还要保持上身挺直，重心随脚尖逐渐向前移动。这种走姿如风行水上般轻盈、优雅，长期坚持下去，可使双腿变得更苗条。

8.优雅谈吐

优雅的语言是通往优雅之路的最内在的优秀禀赋。做优雅的女人，就要做到言之有礼、谈吐文雅。

首先，要学会说一口标准的普通话，这是优雅的最外在体现。

其次，用语要谦逊、文雅。如用"贵姓"代替"你姓什么"，用"不新鲜""有异味"代替"发霉""发臭"。又如，你和友人来到咖啡厅小坐，当侍者来到桌前，朋友和你各点了一份咖啡，就在侍者转身欲行时，你叫住他补充一句："我那一杯请不要加糖！谢谢。"这句话不仅展现了你优雅的魅力，还能体现出你的文化素养以及尊重他人的良好品德。

再次，让声音低些，柔些。声音是女人裸露的灵魂，使用低缓、柔软的声音，才能让人觉得你是优雅、温柔、细心的女人。

　　最后，要懂得在什么场合说什么话，千万不要嚼着食物和人说话，更不要指手画脚、唾沫横飞地口吐秽语，这些都是最不雅的表现。

　　法国时尚界泰斗Dariaux说："优雅是一种和谐，它不同于美丽——美丽是上天的恩赐，而优雅是艺术的产物。"优雅是一首诗，总在寻常的平平仄仄中创设出崭新而美的意境；优雅是一首歌，总在舒缓悠扬的旋律中演奏出动人的篇章；优雅是一幅画，总让人有"可远观而不可亵玩焉"之感；优雅更是一种生活的智慧——优雅的女人知道如何展露自己的一笑一颦，知道如何安排自己的一举一动，知道如何高贵、优雅地出现在人们的视线中……

因为成熟而更有魅力

　　女人因为可爱而更美丽，因为成熟而更有魅力。成熟女人是一杯陈年佳酿，是一本百看不厌的精装书，是一幅色彩斑斓的油画，是一段从容不迫的交响曲。有了"成熟女人"这个好词，女人就不再怕老了。

　　当女人不再年轻时，就过了如花的季节，年龄不芳，漂亮就像是握在手中的沙，攥得越紧从指缝中流失得就越快。但是，有了一把年纪，也有了底蕴和魅力，从内而外散发出来的成熟气息，是小女孩儿那种绢花似的漂亮所不及的。

　　难怪有男人会如此评价说：年轻的女人像一本色彩绚丽的时尚画册，虽养眼但只看一遍足矣；成熟的女人像一本内涵丰富的精装书，让人看过了还想看；年轻的女人又像一坛酿到半途的酒，底子是好的，只是离味道醇厚还有十万八千里；成熟女人则像一坛陈年佳酿，口味清洌甘醇，让人喝了还想喝。正因如此，十之八九的男人在林黛玉、薛宝钗之间，都会果断地选择后者。因为宝钗显得更加沉稳和成熟。

那么，什么样的女人才可称为成熟的女人？当然，不是随便一个到了婚育年龄的女人就能够被称作"成熟女人"，家庭主妇也不是"成熟女人"的代名词。因为成熟与否，不在一个人的年龄，而在心智。

1.真正独立起来

你是不是总摆脱不了对别人过于依赖的心理？你是不是处处总要男人花钱？

成熟女人可不是这样，她们既不会凡事依赖，也懂得怎样用钱来更好地安排自己的生活。即使婚后锦衣玉食，也绝不会放弃自己的工作。因为她们知道，女人只有真正独立起来，才不会成为温室里弱不禁风的小花，才能站成一株山间临风摇曳的野菊花，在风雨霜露之中，总是披着它墨绿色的外衣，顶着淡紫色，并且拥有美丽的心情，迎着凉爽的秋风唱着属于自己的情歌。

如果你不想做藤的话，就独立吧！这是走向走熟的第一步。

2.抛却爱情幻想

少女时代的你，是个完美主义者，自己俨然是仙女下凡，一定要找个王子。对即将开场的爱情故事中的男主角，坚持着高大全的形象标准。后来你遇到了男人甲乙丙丁，相处下来都不怎么满意，于是开始觉得生活在远方、爱情在别处。再后来，你又通过朋友介绍遇到了男人ABCD，你以为自己阅人无数，足够成熟的了，于是由衷地感慨"早把男人看透了"以及"男人没一个好东西"云云。

其实，你还没弄明白自己压根就是个爱情幻想主义者。大家可以理解你在年少无知的时候所做的那些爱情美梦，可是在现实中磨砺了这么久，你依然不肯脚踏实地地生活，一方面约会不断却总是不肯真情投入；另一方面又眼巴巴地盼望着极度浪漫的事情发生在自己身上。你如果总抱着这样的感情态度来生活，而不愿抛却爱情幻想，那么除了身体越来越成熟之外，你将一无所获。

3.杜绝冲动消费

那副墨镜，你是不是买了之后就扔进抽屉从此再也没有理睬它？街边新开的精品店里那个进口的娃娃，贵得离奇，你是否一时性起买回家后再也没打开过盒封？

没错，你有着普天之下所有女人同样的爱好，痴迷于花钱收购一些根本用不上的玩意儿，你会在拥有它的瞬间，感受到唯"物"主义者的快乐，至于实用性、使用价值、性价比之类的术语，你很少在乎。难怪在别人眼里，你总是一个爱乱花钱的小姑娘，而不是一个相夫教子、持家有方的成熟女人。

所以，从现在起，就开始杜绝冲动消费吧，凡事量力而行，买东西再实际些，会让你更有成熟女人味。

4.不要过度任性

打从小女孩开始，你不用教就学会了吵着要吃雪糕要买新衣服。长大了，你还是这样。周末丈夫要是没陪你过完逛街瘾，你也不管他是不是要加班或是公务应酬，一个字：闹！

偶尔耍耍小性子、发发小脾气没关系，及时打住就行，男人就烦那种过度任性的，那种在任何场合之下都不替对方着想的女人，蛮横无理自以为是的女人，不换位思考顾及他人的女人，甚至专横跋扈极度自我的女人，在大家心目中不可能会是个成熟的女人。

成熟的意思里，包含了懂得尊重他人，懂得善解人意，懂得体察对方的情绪和苦恼。过度任性显然是性情不成熟的表现。

5.拥有开阔的胸襟

同事之间鸡毛蒜皮的小事，来回两句言者无意的调侃，让你感到十分的不爽！你开始行动了，虽然没有绝对的恶意，但你控制不住要在背后说对方坏话，嘲笑一下她的糗事，讽刺一下她的着装……

而成熟的女人不会这么做，她们懂得求同存异。

6.心态平和处变不惊

在遭遇困难、挫折时，你可能会扔东西，会哭闹，会仓皇失措，甚至还会寻死觅活，仿佛整个世界都毁灭了。

但是，令男人佩服得五体投地的成熟女人，在面对困难、挫折时，却不会被自己的情绪左右，也不会在大庭广众下失态，而会用另一种心情驱散心头阴霾，吟一首轻歌，读一本好书，品一杯淡茶，或只是推开窗，眺望远山疾飞的归鸟。即使她们在遭遇失恋这样最令人心碎的烦恼时，也会坦然地对自己的"陈世美"说："慢走，请把门带上。"

是的，再棘手的事也能理清头绪，再大的挫折都可以微笑面对。如果你想要成为一个真正的成熟女人，就应该保持一种"喜不狂、忧不绝、胜不骄、败不馁"的平和心态。心态平和，女人就可以坦然面对逝去的岁月，哪怕是已开到极致的花，依然雍容华贵、仪态万千。

7.不断积累知识

如果说十五六岁的花季少女年幼无知尚可原谅，那么，拥有花季少女双倍年龄的你，如果还跟10多年前那样简单幼稚，天真烂漫，情商智商没有明显提高，那就是你的不对了。

并不是你对明星八卦如数家珍就证明你博学，并不是你看的电视剧多就表明你对人生理解深刻，并不是你打字打得快就证明你电脑水平很高，并不是你会开玩笑就证明你是业务谈判上的能手……知识同样有深浅之分，涵养同样有深浅之别，这取决于为人处世点滴的日积月累，取决于你对自己的要求与期望。

如果和年轻人相比，你多的只是几年来的上班考勤记录，那么，迟早有一天你会失去长者应有的地位。

仅从单纯的女性美出发，肯定是年轻的比较好，因为年轻女人像一朵吐着芳香的花蕾，有着随时可以点燃的青春、俏丽的面孔。但是，成熟女人的历练、智慧、温暖、宁静、自信、性感所散发出的魅力暗香，却更让男人无限向往。成熟女人具有熟苹果醇厚的香味，而不是鲜花肤浅的流香。

做温柔的女人，体现独有魅力

温柔像迷雾，它给女人平添一份朦胧与浪漫；温柔如轻风，它能拂去心头一切的惆怅烦忧；温柔似细雨，它能滋润一切干渴的心田；温柔是武器，它能征服世上最为剽悍粗犷的男人。如果你希望自己更妩媚、更完美、更有魅力，你就应当保持或挖掘自己身上作为女人所特有的温柔秉性。

说起温柔，人们总是给它插上自由飞翔的双翅，把它喻为闭月羞花、沉鱼落雁、轻歌曼舞、雅华乐章，还有人把它喻为最纯洁的水。水——那一汪汪清冽粼粼的水，是那么的明净透彻、可亲可爱，多少人为它发出了由衷的感叹，多少人对它表示了惊喜的礼赞——温柔之美啊！美就美在柔情似水。

著名学者朱自清在《女人》一文中对女性的温柔作了绝妙的描绘："我以为艺术的女人第一是她的温醉空气，使人如听着箫管的悠扬，如嗅着玫瑰的芬芳，如躺在天鹅绒的厚毯上。她是如水的蜜，如烟的轻，笼罩着我们。我们怎能不欢喜赞叹呢？……"由此可见，女人的温柔，是多么地令人陶醉，多么地令人沉湎，多么地令人神往！

然而，与过去的女人相比，现在的女人却鲜有柔顺体贴、小鸟依人的了。取而代之的，是作风像男性、满不在乎的所谓"新潮女性"。难怪经常可以听到有男人发出怨言："现在的女人都一副咄咄逼人的样子，一点儿也不温柔！"

当然，时代不同了，现代女性无论在生活还是工作中都很独立，不再需要向男人俯首帖耳。但是，有学问、有能力的女人固然令男人倾慕，但也不应该因此而失去女人所特有的温柔。

要知道，温柔是女人独有的处世法宝，是男人的甜蜜"杀手"，也是女人应有的宝贵品质。尤其是处于相对保守的东方社会，男人所期望的仍然是富有母爱温柔的女人。如果女人的行为太开放，言语太大胆，性格太刚强，只会令男人们望而却步。

观察你的身边，讨人喜欢、人缘好的往往不是那些"冷面美人""病态西施"，而是面相"喜性"、随和温柔的女人。即使她的学历不高、五官不精致，身材欠婀娜，但她却很温柔，说起话来和声细语，足以让人顷刻间为之陶醉。

卢梭说："女人最重要的品质是温柔。"马克思则认为："女人最重要的美德是温柔。"温柔的女人，具有一种特殊的处世魅力，她们更容易博得人们的钟情和喜爱；温柔的女人更像绵绵细雨，润物无声，给人以温馨柔美之感，令人心荡神驰、回味绵长。如果你希望自己更妩媚、更完美、更有魅力，你就应当努力使自己成为一个温柔的女人。

当然，做温柔女人不能靠矫揉造作，也不靠换一套衣裙，举一杯红酒就可成就，你需要从以下几个方面来培养并释放自己身上作为女人所独具的柔性魅力：

1.通情达理

这是女人的温柔在为人处世方面的集中体现。温柔的女人一般都很宽容，她们为人谦让，对人体贴，凡事喜欢替别人着想，宁可自己吃亏，绝不会让别人难堪，更不会去轻易地伤害别人。和她在一起，一些内心的不愉快也会烟消云散，这样的女人是最能令人心动的。

2.富有同情心

富有同情心是女人温柔的最好表现。温柔的女人有一颗柔软的心，见不得别人的眼泪和愁容。对于老、弱、病、残、幼及境遇不佳者，她很少漠不关心、坐视不管，而总是会表现出应有的同情，并会尽自己最大的努力去提供帮助。

3.吃苦耐劳

温柔的女人具有吃苦耐劳的优秀品质，特别是表现在家庭生活方面。已婚女人不仅要相夫教子、孝敬长辈、勤俭持家，同时还要兼顾自己的工作。没有吃苦耐劳的品质是无法胜任的。

4.善良

女人的温柔还来自于女人的善良。不善良的女人，冷漠无情的女人，纵使她倾国倾城，纵使她才能出众，也不是优秀可爱、温柔似水的女人。

5.性情柔和

温柔的女人绝对不会一遇到不顺的事就暴跳如雷或火冒三丈。为此，你特别要忌怒、忌狂，讲究语言美、形体美，把那些影响柔情发挥的不良性情彻底克服掉，让温柔之花为女人的魅力怒放。

6.细心体贴

让人心动的不只是一个女人做出了多么惊人的业绩，更多的情况下，是女人那种适时适地的细心关怀和体贴。和她一同出门时，你吃东西弄脏了手，她将备好的纸巾递上；衣服扣子掉了，细心的她正好带着针线；你下班回家了，她忙为你取来绵绵的拖鞋……这些细微之处充分体现了女人难以抗拒的温柔魅力。这种温柔也绝不是矫揉造作，而像一只纤纤玉手，知冷知热，知轻知重，理解男人的思想，体察男人的苦乐，只轻轻一抚摩，就给男人疲惫的心灵以妥帖的抚慰。

7.不软弱

温柔绝不是软弱。温柔是一种美德，是内心世界力量和充实的表现，是柔中有刚，柔韧有度。而软弱则丧失了自己独立的人格和独立的个性，绝非女性之美德。二者不可混淆。

总之，温柔是上天赐予女人的瑰宝，也是女人独有的魅力。女人正是依着自己那千种风情、万般妖娆的温柔性格，才给男人开辟了一个可以置身于其中的温馨世界，从而达到了爱情生活的美好和谐；才给男人创造了一个可以感受其内在的审美对象。同时，女性之柔也在同阳刚之美的对立统一中，找到了自身存在的价值，使女人的美感境界得以自由伸展和全面升华。

更值得回味的是，女人的温柔不但能够超越国家民族的界限，把它的芳香洒向世界各地，而且还可以突破时间年龄的约束，贯穿于女人的一生。因此，处于现代社会中的女人，不仅要保留自己独立的个性，也要保留那传统的温柔之美，这会让你受益无穷，也是你一生的魅力所在。